수학 좀 한다면

디딤돌 연산은 수학이다 5B

펴낸날 [초판 1쇄] 2024년 5월 3일
펴낸이 이기열
펴낸곳 (주)디딤돌 교육
주소 (03972) 서울특별시 마포구 월드컵북로 122 청원선와이즈타워
대표전화 02-3142-9000
구입문의 02-322-8451
내용문의 02-323-9166
팩시밀리 02-338-3231
홈페이지 www.didimdol.co.kr
등록번호 제10-718호
구입한 후에는 철회되지 않으며 잘못 인쇄된 책은 바꾸어 드립니다.
이 책에 실린 모든 삽화 및 편집 형태에 대한 저작권은
(주)디딤돌 교육에 있으므로 무단으로 복사 복제할 수 없습니다.

Copyright ⓒ Didimdol Co. [2453520]

1 손으로 푸는 100문제보다 머리로 푸는 10문제가 수학 실력이 된다.

계산 방법만 익히는 연산은 '계산력'은 기를 수 있어도 '수학 실력'으로 이어지지 못합니다.
계산에 원리와 방법이 있는 것처럼 계산에는 저마다의 성질이 있고 계산과 계산 사이의 관계가 있습니다.
또한 아이들은 계산을 활용해 볼 수 있어야 하고 계산을 통해 수 감각을 기를 수 있어야 합니다.
이렇듯 계산의 단면이 아닌 입체적인 계산 훈련이 가능하도록 하나의 연산을 다양한 각도에서
생각해 볼 수 있는 문제들을 수학적 설계 근거를 바탕으로 구성하였습니다.

지금까지의 연산

기존의 연산학습 방식은 가로셈,
세로셈의 반복학습 중심이었기 때문에
계산력을 기르기에 지나지 않았습니다.
연산학습이 수학 실력으로 이어지려면
가로셈, 세로셈을 포함한
**전후 단계의 체계적인 문제들로
학습**해야 합니다.

기존 연산책의 학습 범위

| 1일차 | 세로셈 |
| 2일차 | 가로셈 |

디딤돌 연산

수학적 의미에 따른 연산의 분류

❶ 연산의 원리 │ 수학적 의미에 따라 연산을 크게 4가지로
❷ 연산의 성질 │ 분류하여 문항을 설계하였습니다.
❸ 연산의 활용 │ 입체적인 문제 구성으로 계산 훈련만으로도
❹ 연산의 감각 │ 수학의 개념과 법칙을 이해할 수 있습니다.

곱셈의 원리
✖01 수를 갈라서 계산하기

곱셈의 원리
✖02 자리별로 계산하기

곱셈의 원리
✖03 세로셈

곱셈의 원리
✖04 가로셈

곱셈의 성질
✖05 묶어서 곱하기

곱셈의 감각
✖09 크기 어림하기

2 사칙연산이 아니라 수학이 담긴 연산을 해야 초·중·고 수학이 잡힌다.

수학은 초등, 중등, 고등까지 하나로 연결되어 있는 과목이기 때문에 초등에서의 개념 형성이
중고등 학습에도 영향을 주게 됩니다.
초등에서 배우는 개념은 가볍게 여기기 쉽지만 중고등 과정에서의 중요한 개념과 연결되므로
그것의 수학적 의미를 짚어줄 수 있는 연산 학습이 반드시 필요합니다.
또한 중고등 과정에서 배우는 수학의 법칙들을 초등 눈높이에서부터 경험하게 하여
전체 수학 학습의 중심을 잡아줄 수 있어야 합니다.

초등: 자리별로 계산하기

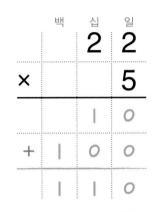

중등: 동류항끼리 계산하기

다항식: $2x-3y+5$
동류항의 계산: $2a+3b-a+2b=a+5b$

고등: 동류항끼리 계산하기

복소수의 사칙계산

실수 a, b, c, d에 대하여
$(a+bi)+(c+di)=(a+c)+(b+d)i$
$(a+bi)-(c+di)=(a-c)+(b-d)i$

초등: 곱하여 더해 보기

$$10 \times 2 = 20$$
$$3 \times 2 = 6$$
$$13 \times 2 = 26$$

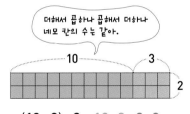

$(10+3) \times 2 = 10 \times 2 + 3 \times 2$

중등: 분배법칙

곱셈의 분배법칙
$a \times (b+c) = a \times b + a \times c$

다항식의 곱셈
다항식 a, b, c, d에 대하여
$(a+b) \times (c+d) = a \times c + a \times d + b \times c + b \times d$

다항식의 인수분해
다항식 m, a, b에 대하여
$ma + mb = m(a+b)$

연산의 원리

계산 원리
계산 방법
자릿값
사칙연산의 의미
덧셈과 곱셈의 관계
뺄셈과 나눗셈의 관계

연산의 성질

계산 순서/교환법칙
결합법칙/분배법칙
덧셈과 뺄셈의 관계
곱셈과 나눗셈의 관계
0과 1의 계산
등식

연산의 활용

상황에 맞는 계산
규칙의 발견과 적용
추상화된 식의 계산

연산의 감각

어림하기
연산의 다양성
수의 조작

3학년 A

덧셈과 뺄셈의 원리	나눗셈의 원리	곱셈의 원리
덧셈과 뺄셈의 성질	나눗셈의 활용	곱셈의 성질
덧셈과 뺄셈의 활용	나눗셈의 감각	곱셈의 활용
덧셈과 뺄셈의 감각		곱셈의 감각

1 받아올림이 없는 (세 자리 수)+(세 자리 수)
2 받아올림이 한 번 있는 (세 자리 수)+(세 자리 수)
3 받아올림이 두 번 있는 (세 자리 수)+(세 자리 수)
4 받아올림이 세 번 있는 (세 자리 수)+(세 자리 수)
5 받아내림이 없는 (세 자리 수)−(세 자리 수)
6 받아내림이 한 번 있는 (세 자리 수)−(세 자리 수)
7 받아내림이 두 번 있는 (세 자리 수)−(세 자리 수)
8 나눗셈의 기초
9 나머지가 없는 곱셈구구 안에서의 나눗셈
10 올림이 없는 (두 자리 수)×(한 자리 수)
11 올림이 한 번 있는 (두 자리 수)×(한 자리 수)
12 올림이 두 번 있는 (두 자리 수)×(한 자리 수)

3학년 B

곱셈의 원리	나눗셈의 원리	분수의 원리
곱셈의 성질	나눗셈의 성질	
곱셈의 활용	나눗셈의 활용	
곱셈의 감각	나눗셈의 감각	

1 올림이 없는 (세 자리 수)×(한 자리 수)
2 올림이 한 번 있는 (세 자리 수)×(한 자리 수)
3 올림이 두 번 있는 (세 자리 수)×(한 자리 수)
4 (두 자리 수)×(두 자리 수)
5 나머지가 있는 나눗셈
6 (몇십)÷(몇), (몇백몇십)÷(몇)
7 내림이 없는 (두 자리 수)÷(한 자리 수)
8 내림이 있는 (두 자리 수)÷(한 자리 수)
9 나머지가 있는 (두 자리 수)÷(한 자리 수)
10 나머지가 없는 (세 자리 수)÷(한 자리 수)
11 나머지가 있는 (세 자리 수)÷(한 자리 수)
12 분수

4학년 A

곱셈의 원리	나눗셈의 원리
곱셈의 성질	나눗셈의 성질
곱셈의 활용	나눗셈의 활용
곱셈의 감각	나눗셈의 감각

1 (세 자리 수)×(두 자리 수)
2 (네 자리 수)×(두 자리 수)
3 (몇백), (몇천) 곱하기
4 곱셈 종합
5 몇십으로 나누기
6 (두 자리 수)÷(두 자리 수)
7 몫이 한 자리 수인 (세 자리 수)÷(두 자리 수)
8 몫이 두 자리 수인 (세 자리 수)÷(두 자리 수)

4학년 B

분수의 원리	덧셈과 뺄셈의 감각
덧셈과 뺄셈의 원리	
덧셈과 뺄셈의 성질	
덧셈과 뺄셈의 활용	

1 분모가 같은 진분수의 덧셈
2 분모가 같은 대분수의 덧셈
3 분모가 같은 진분수의 뺄셈
4 분모가 같은 대분수의 뺄셈
5 자릿수가 같은 소수의 덧셈
6 자릿수가 다른 소수의 덧셈
7 자릿수가 같은 소수의 뺄셈
8 자릿수가 다른 소수의 뺄셈

3 생각하고, 풀고, 느껴야 수학 개념이 남는다.

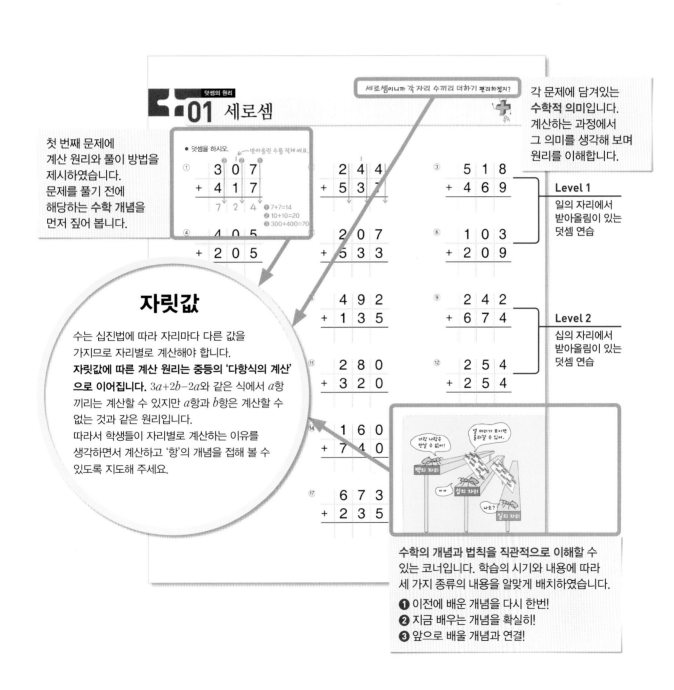

첫 번째 문제에
계산 원리와 풀이 방법을
제시하였습니다.
문제를 풀기 전에
해당하는 **수학 개념**을
먼저 짚어 봅니다.

각 문제에 담겨있는
수학적 의미입니다.
계산하는 과정에서
그 의미를 생각해 보며
원리를 이해합니다.

세로셈이니까 각 자리 수끼리 더하기 편리하겠지?

덧셈의 원리
01 세로셈

● 덧셈을 하시오.

받아올린 수를 작게 써요.

①
```
  3 0 7
+ 4 1 7
  7 2 4
```
❶ 7+7=14
❷ 10+10=20
❸ 300+400=70

②
```
  2 4 4
+ 5 3 7
```

③
```
  5 1 8
+ 4 6 9
```

Level 1
일의 자리에서
받아올림이 있는
덧셈 연습

④
```
  4 0 5
+ 2 0 5
```

⑤
```
  2 0 7
+ 5 3 3
```

⑥
```
  1 0 3
+ 2 0 9
```

⑧
```
  4 9 2
+ 1 3 5
```

⑨
```
  2 4 2
+ 6 7 4
```

Level 2
십의 자리에서
받아올림이 있는
덧셈 연습

자릿값

수는 십진법에 따라 자리마다 다른 값을
가지므로 자리별로 계산해야 합니다.
**자릿값에 따른 계산 원리는 중등의 '다항식의 계산'
으로 이어집니다.** $3a+2b-2a$와 같은 식에서 a항
끼리는 계산할 수 있지만 a항과 b항은 계산할 수
없는 것과 같은 원리입니다.
따라서 학생들이 자리별로 계산하는 이유를
생각하면서 계산하고 '항'의 개념을 접해 볼 수
있도록 지도해 주세요.

⑪
```
  2 8 0
+ 3 2 0
```

⑫
```
  2 5 4
+ 2 5 4
```

⑭
```
  1 6 0
+ 7 4 0
```

너랑 나랑은
만날 수 없어!

넌 아래가 모이면
올라갈 수 있어.

백의 자리
십의 자리
일의 자리

나도?

⑰
```
  6 7 3
+ 2 3 5
```

수학의 개념과 법칙을 직관적으로 이해할 수
있는 코너입니다. 학습의 시기와 내용에 따라
세 가지 종류의 내용을 알맞게 배치하였습니다.

❶ 이전에 배운 개념을 다시 한번!
❷ 지금 배우는 개념을 확실히!
❸ 앞으로 배울 개념과 연결!

수학적 연산 분류에 따른 전체 학습 설계

1학년 A

덧셈과 뺄셈의 원리

덧셈과 뺄셈의 성질

덧셈과 뺄셈의 감각

수 감각

1 수를 가르기하고 모으기하기

2 합이 9까지인 덧셈

3 한 자리 수의 뺄셈

4 덧셈과 뺄셈의 관계

5 10을 가르기하고 모으기하기

6 10의 덧셈과 뺄셈

7 연이은 덧셈, 뺄셈

1학년 B

덧셈과 뺄셈의 원리

덧셈과 뺄셈의 성질

덧셈과 뺄셈의 활용

덧셈과 뺄셈의 감각

1 두 수의 합이 10인 세 수의 덧셈

2 두 수의 차가 10인 세 수의 뺄셈

3 받아올림이 있는 (몇)+(몇)

4 받아내림이 있는 (십몇)−(몇)

5 (몇십)+(몇), (몇)+(몇십)

6 받아올림, 받아내림이 없는 (몇십몇)±(몇)

7 받아올림, 받아내림이 없는 (몇십몇)±(몇십몇)

2학년 A

덧셈과 뺄셈의 원리

덧셈과 뺄셈의 성질

덧셈과 뺄셈의 활용

덧셈과 뺄셈의 감각

1 받아올림이 있는 (몇십몇)+(몇)

2 받아올림이 한 번 있는 (몇십몇)+(몇십몇)

3 받아올림이 두 번 있는 (몇십몇)+(몇십몇)

4 받아내림이 있는 (몇십몇)−(몇)

5 받아내림이 있는 (몇십몇)−(몇십몇)

6 세 수의 계산(1)

7 세 수의 계산(2)

2학년 B

곱셈의 원리

곱셈의 성질

곱셈의 활용

곱셈의 감각

1 곱셈의 기초

2 2, 5단 곱셈구구

3 3, 6단 곱셈구구

4 4, 8단 곱셈구구

5 7, 9단 곱셈구구

6 곱셈구구 종합

7 곱셈구구 활용

디딤돌
연산은
수학이다.

디딤돌

수학적 의미에 따른 연산의 분류

같아 보이지만 완전히 다릅니다!

1. 입체적 학습의 흐름

연산은 수학적 개념을 바탕으로 합니다.
따라서 단순 계산 문제를 반복하는 것이 아니라 원리를 이해하고, 계산 방법을 익히고,
수학적 법칙을 경험해 볼 수 있는 문제를 다양하게 접할 수 있어야 합니다.
연산을 다양한 각도에서 생각해 볼 수 있는 문제들로 계산력을 뛰어넘는 수학 실력을 길러 주세요.

연산

곱셈의 원리 ▶ 계산 방법 이해
02 분수의 곱셈 방법 익히기

곱셈의 원리 ▶ 계산 방법 이해
03 약분하여 계산하기

본 학습에 들어가기 전에 필요한 도움닫기 문제입니다.
이전에 배운 내용과 연계하거나 단계를 주어 계산 원리를
쉽게 이해할 수 있도록 하였습니다.

곱셈의 원리 ▶ 계산 방법 이해
04 분수의 곱셈

가장 기본적인 계산 문제입니다.
본 학습의 계산 원리를 익힐 수 있도록
충분히 연습합니다.

기초 연산책의
학습 범위

곱셈의 원리 ▶ 계산 원리 이해
06 여러 가지 수 곱하기

곱셈의 성질 ▶ 결합법칙
08 묶어서 계산하기

연산의 원리, 성질들을 느끼고 활용해 보는 문제입니다.
하나의 연산 원리를 다양한 관점에서 생각해 보고
수학의 개념과 법칙을 이해합니다.

곱셈의 성질 ▶ 역원
09 1이 되는 곱셈

곱셈의 감각 ▶ 수의 조작
11 연산 기호 넣기

연산의 원리를 바탕으로 수를 다양하게 조작해 보고
추론하여 해결하는 문제입니다. 앞서 학습한 연산의 원리,
성질들을 이용하여 사고력과 수 감각을 기릅니다.

수학

2. 입체적 학습의 구성

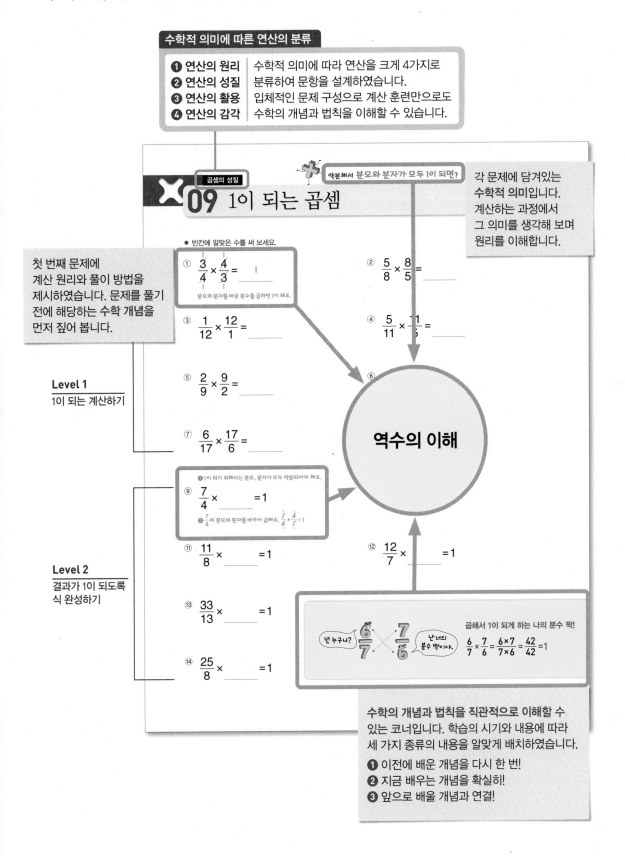

수학적 의미에 따른 연산의 분류

❶ 연산의 원리
❷ 연산의 성질
❸ 연산의 활용
❹ 연산의 감각

수학적 의미에 따라 연산을 크게 4가지로 분류하여 문항을 설계하였습니다. 입체적인 문제 구성으로 계산 훈련만으로도 수학의 개념과 법칙을 이해할 수 있습니다.

곱셈의 성질

약분해서 분모와 분자가 모두 1이 되면?

×09 1이 되는 곱셈

각 문제에 담겨있는 수학적 의미입니다. 계산하는 과정에서 그 의미를 생각해 보며 원리를 이해합니다.

첫 번째 문제에 계산 원리와 풀이 방법을 제시하였습니다. 문제를 풀기 전에 해당하는 수학 개념을 먼저 짚어 봅니다.

● 빈칸에 알맞은 수를 써 보세요.

① $\dfrac{3}{4} \times \dfrac{4}{3} = $ 1
분모와 분자를 바꾼 분수를 곱하면 1이 돼요.

② $\dfrac{5}{8} \times \dfrac{8}{5} = $

③ $\dfrac{1}{12} \times \dfrac{12}{1} = $

④ $\dfrac{5}{11} \times \dfrac{11}{5} = $

Level 1
1이 되는 계산하기

⑤ $\dfrac{2}{9} \times \dfrac{9}{2} = $

⑥ ( ) **역수의 이해**

⑦ $\dfrac{6}{17} \times \dfrac{17}{6} = $

❶ 1이 되기 위해서는 분모, 분자가 모두 약분되어야 해요.

⑨ $\dfrac{7}{4} \times $ ____ $= 1$
❷ $\dfrac{7}{4}$의 분모와 분자를 바꾸어 곱해요. $\dfrac{7}{4} \times \dfrac{4}{7} = 1$

⑪ $\dfrac{11}{8} \times $ ____ $= 1$

⑫ $\dfrac{12}{7} \times $ ____ $= 1$

Level 2
결과가 1이 되도록 식 완성하기

⑬ $\dfrac{33}{13} \times $ ____ $= 1$

⑭ $\dfrac{25}{8} \times $ ____ $= 1$

넌 누구니? $\dfrac{6}{7}$ $\dfrac{7}{6}$ 난 너의 분수 짝이야.

곱해서 1이 되게 하는 나의 분수 짝!
$\dfrac{6}{7} \times \dfrac{7}{6} = \dfrac{6 \times 7}{7 \times 6} = \dfrac{42}{42} = 1$

수학의 개념과 법칙을 직관적으로 이해할 수 있는 코너입니다. 학습의 시기와 내용에 따라 세 가지 종류의 내용을 알맞게 배치하였습니다.

❶ 이전에 배운 개념을 다시 한 번!
❷ 지금 배우는 개념을 확실히!
❸ 앞으로 배울 개념과 연결!

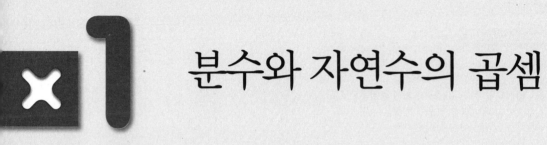

분수와 자연수의 곱셈

분수의 분자와 자연수를 곱해! 왜냐면,

❶

$\dfrac{2}{3}$ 를 4번 더한 것과 같으니까,

$\dfrac{2}{3} \times 4$

$= \dfrac{2}{3} + \dfrac{2}{3} + \dfrac{2}{3} + \dfrac{2}{3}$

$= \dfrac{2+2+2+2}{3}$

$= \dfrac{2 \times 4}{3}$

$$\dfrac{2}{3} \times 4$$

$$= \dfrac{2 \times 4}{3}$$

$$= \dfrac{8}{3}$$

$$= 2\dfrac{2}{3}$$

❷

$\dfrac{1}{3}$ 이 8개인 수와 같으니까,

$\dfrac{2}{3}$ 는 $\dfrac{1}{3}$ 이 2개인 수이고

$\dfrac{2}{3} \times 4$ 는

$\dfrac{1}{3}$ 이 $2 \times 4 = 8$(개)인 수야.

대분수는 가분수로 바꾸어 계산해.

$1\dfrac{1}{3} = 1 + \dfrac{1}{3}$ 이니까 덧셈이 된 분수, 즉 가분수로 계산합니다.

$1\dfrac{1}{3} \times 2 = \dfrac{4}{3} \times 2 = \dfrac{4 \times 2}{3} = \dfrac{8}{3} = 2\dfrac{2}{3}$

"대분수는
가분수로 바꿔."

"계산 결과는 다시
대분수로 바꿔."

✕01 덧셈을 곱셈으로 나타내기

● □ 안에 알맞은 수를 써넣으세요.

① $\dfrac{3}{5}$이 4개

$$\dfrac{3}{5}+\dfrac{3}{5}+\dfrac{3}{5}+\dfrac{3}{5} \;=\; \dfrac{3}{5}\times 4 \;=\; \boxed{\dfrac{12}{5}} \;=\; \boxed{2\dfrac{2}{5}}$$

$$\dfrac{3+3+3+3}{5} \;=\; \dfrac{3\times 4}{5} \;=\; \boxed{} \;=\; \boxed{}$$

분자에 3이 4개

결과가 가분수이면 대분수로 나타내요.

②
$$\dfrac{1}{9}+\dfrac{1}{9}+\dfrac{1}{9}+\dfrac{1}{9}+\dfrac{1}{9} \;=\; \dfrac{1}{9}\times 5 \;=\; \boxed{}$$

$$\dfrac{1+1+1+1+1}{9} \;=\; \dfrac{1\times 5}{9} \;=\; \boxed{}$$

③
$$\dfrac{6}{7}+\dfrac{6}{7}+\dfrac{6}{7}+\dfrac{6}{7}+\dfrac{6}{7}+\dfrac{6}{7} \;=\; \dfrac{6}{7}\times 6 \;=\; \boxed{} \;=\; \boxed{}$$

$$\dfrac{6+6+6+6+6+6}{7} \;=\; \dfrac{6\times 6}{7} \;=\; \boxed{} \;=\; \boxed{}$$

④
$$\dfrac{5}{4}+\dfrac{5}{4}+\dfrac{5}{4}+\dfrac{5}{4}+\dfrac{5}{4} \;=\; \dfrac{5}{4}\times 5 \;=\; \boxed{} \;=\; \boxed{}$$

$$\dfrac{5+5+5+5+5}{4} \;=\; \dfrac{5\times 5}{4} \;=\; \boxed{} \;=\; \boxed{}$$

02 분수와 자연수의 곱셈 방법 익히기

분수와 자연수를 곱할 때 **자연수는 분자에 곱해!**

● □ 안에 알맞은 수를 쓰고 곱셈을 해 보세요.

① 분자에 자연수를 곱해요.

$$\frac{1}{8} \times 3 = \frac{1 \times \boxed{3}}{8} = \frac{3}{8}$$

분모는 그대로 써요.

② $$2 \times \frac{5}{7} = \frac{\boxed{} \times 5}{7} = \underline{}$$

결과가 가분수이면 대분수로 고쳐요.

③ $$\frac{2}{15} \times 4 = \frac{2 \times \boxed{}}{15} = \underline{}$$

④ $$6 \times \frac{3}{11} = \frac{\boxed{} \times 3}{11} = \underline{}$$

⑤ $$\frac{1}{7} \times 5 = \frac{1 \times \boxed{}}{7} = \underline{}$$

⑥ $$5 \times \frac{7}{8} = \frac{\boxed{} \times 7}{8} = \underline{}$$

⑦ $$\frac{2}{9} \times 4 = \frac{2 \times \boxed{}}{9} = \underline{}$$

⑧ $$2 \times \frac{16}{15} = \frac{\boxed{} \times 16}{15} = \underline{}$$

⑨ $$\frac{3}{19} \times 6 = \frac{3 \times \boxed{}}{19} = \underline{}$$

⑩ $$10 \times \frac{2}{13} = \frac{\boxed{} \times 2}{13} = \underline{}$$

⑪ $$\frac{11}{35} \times 3 = \frac{11 \times \boxed{}}{35} = \underline{}$$

⑫ $$4 \times \frac{11}{9} = \frac{\boxed{} \times 11}{9} = \underline{}$$

⑬ $$\frac{4}{17} \times 4 = \frac{4 \times \boxed{}}{17} = \underline{}$$

⑭ $$3 \times \frac{17}{40} = \frac{\boxed{} \times 17}{40} = \underline{}$$

먼저 약분하면 계산이 훨씬 간단하겠지?

03 약분하여 계산하기

● 곱셈을 하여 기약분수 또는 자연수로 나타내 보세요.

❶ 약분이 되면 먼저 약분해요.

① $\dfrac{4}{5} \times \overset{1}{5} = \dfrac{4}{1} \times 1 = 4$

❷ 자연수는 분자에 곱해요.

② $2 \times \dfrac{3}{4} =$

③ $\dfrac{1}{15} \times 9 =$

④ $6 \times \dfrac{9}{10} =$

⑤ $\dfrac{1}{2} \times 6 =$

⑥ $12 \times \dfrac{4}{15} =$

⑦ $\dfrac{5}{21} \times 9 =$

⑧ $5 \times \dfrac{9}{10} =$

⑨ $\dfrac{7}{15} \times 10 =$

⑩ $3 \times \dfrac{5}{6} =$

⑪ $\dfrac{2}{33} \times 22 =$

⑫ $9 \times \dfrac{13}{18} =$

⑬ $\dfrac{4}{7} \times 21 =$

⑭ $12 \times \dfrac{5}{18} =$

⑮ $\dfrac{5}{14} \times 8 =$

⑯ $4 \times \dfrac{5}{16} =$

⑰ $\dfrac{2}{3} \times 3 =$

⑱ $2 \times \dfrac{5}{8} =$

⑲ $\dfrac{4}{5} \times 15 =$

⑳ $4 \times \dfrac{1}{6} =$

㉑ $\dfrac{4}{9} \times 6 =$

㉒ $5 \times \dfrac{7}{10} =$

㉓ $\dfrac{5}{9} \times 3 =$

㉔ $4 \times \dfrac{11}{16} =$

㉕ $\dfrac{14}{15} \times 10 =$

㉖ $3 \times \dfrac{2}{9} =$

㉗ $\dfrac{7}{8} \times 2 =$

㉘ $9 \times \dfrac{5}{6} =$

㉙ $\dfrac{2}{3} \times 12 =$

㉚ $4 \times \dfrac{7}{12} =$

㉛ $\dfrac{15}{16} \times 4 =$

㉜ $6 \times \dfrac{4}{9} =$

먼저 약분하면 계산이 훨씬 간단하겠지?

㉝ $\dfrac{1}{3} \times 6 =$

㉞ $25 \times \dfrac{1}{20} =$

㉟ $\dfrac{3}{8} \times 20 =$

㊱ $18 \times \dfrac{2}{9} =$

㊲ $\dfrac{3}{5} \times 15 =$

㊳ $14 \times \dfrac{1}{4} =$

㊴ $\dfrac{5}{33} \times 11 =$

㊵ $18 \times \dfrac{2}{15} =$

㊶ $\dfrac{3}{10} \times 8 =$

㊷ $15 \times \dfrac{4}{9} =$

㊸ $\dfrac{4}{15} \times 25 =$

㊹ $30 \times \dfrac{7}{40} =$

㊺ $\dfrac{3}{16} \times 6 =$

㊻ $4 \times \dfrac{5}{24} =$

㊼ $\dfrac{11}{45} \times 10 =$

㊽ $34 \times \dfrac{6}{17}$

대분수는 (자연수)+(분수)니까 그대로 곱할 수 없어.

04 대분수를 가분수로 바꾸어 계산하기

● 곱셈을 하여 기약분수 또는 자연수로 나타내 보세요.

① $1\frac{1}{8} \times 8 = \frac{\overset{9}{\cancel{9}}}{\cancel{8}} \times \overset{1}{\cancel{8}} = 9$

❷ 약분이 되면 약분을 해요.

❶ 대분수는 가분수로 바꾸어요.

② $6 \times 1\frac{2}{3} =$

③ $2\frac{1}{3} \times 9 =$

④ $12 \times 2\frac{3}{4} =$

⑤ $1\frac{3}{16} \times 3 =$

⑥ $9 \times 1\frac{1}{12} =$

⑦ $1\frac{2}{15} \times 5 =$

⑧ $5 \times 1\frac{1}{6} =$

⑨ $3\frac{2}{9} \times 6 =$

⑩ $7 \times 1\frac{10}{21} =$

⑪ $1\frac{5}{13} \times 26 =$

⑫ $2 \times 5\frac{3}{4} =$

⑬ $3\frac{5}{8} \times 6 =$

⑭ $2 \times 1\frac{5}{7} =$

⑮ $4\frac{9}{10} \times 5 =$

⑯ $15 \times 1\frac{1}{12} =$

⑰ $1\dfrac{1}{2} \times 4 =$

⑱ $9 \times 1\dfrac{1}{3} =$

⑲ $2\dfrac{3}{4} \times 6 =$

⑳ $8 \times 2\dfrac{1}{2} =$

㉑ $1\dfrac{1}{5} \times 15 =$

㉒ $4 \times 1\dfrac{1}{6} =$

㉓ $1\dfrac{3}{8} \times 2 =$

㉔ $6 \times 1\dfrac{3}{10} =$

㉕ $3\dfrac{1}{3} \times 9 =$

㉖ $10 \times 2\dfrac{4}{5} =$

㉗ $2\dfrac{2}{9} \times 6 =$

㉘ $2 \times 3\dfrac{1}{4} =$

㉙ $1\dfrac{7}{10} \times 15 =$

㉚ $2 \times 1\dfrac{8}{9} =$

㉛ $1\dfrac{1}{4} \times 10 =$

㉜ $12 \times 2\dfrac{7}{8} =$

㉝ $1\dfrac{4}{7} \times 8 =$

㉞ $20 \times 1\dfrac{3}{5} =$

㉟ $3\dfrac{6}{7} \times 14 =$

㊱ $14 \times 3\dfrac{1}{2} =$

㊲ $3\dfrac{4}{15} \times 10 =$

㊳ $10 \times 1\dfrac{5}{6} =$

㊴ $3\dfrac{1}{4} \times 12 =$

㊵ $3 \times 2\dfrac{1}{12} =$

㊶ $1\dfrac{5}{8} \times 10 =$

㊷ $9 \times 1\dfrac{1}{6} =$

㊸ $1\dfrac{2}{9} \times 6 =$

㊹ $3 \times 1\dfrac{1}{9} =$

㊺ $1\dfrac{3}{14} \times 21 =$

㊻ $5 \times 1\dfrac{3}{7} =$

㊼ $2\dfrac{2}{3} \times 5 =$

㊽ $7 \times 1\dfrac{4}{9} =$

약분할 수 있으면 **먼저 약분하고 계산**하는 것이 편리해!

05 분수와 자연수의 곱셈

● 곱셈을 하여 기약분수 또는 자연수로 나타내 보세요.

① $\dfrac{1}{4} \times 4 = 1 \times 1 = 1$

② $2 \times 1\dfrac{1}{8} = 2 \times \dfrac{9}{8} =$

③ $\dfrac{5}{3} \times 3 =$

④ $4 \times 1\dfrac{1}{6} =$

⑤ $\dfrac{11}{10} \times 5 =$

⑥ $12 \times \dfrac{3}{5} =$

⑦ $\dfrac{15}{4} \times 6 =$

⑧ $20 \times \dfrac{2}{15} =$

⑨ $\dfrac{9}{16} \times 32 =$

⑩ $6 \times 1\dfrac{7}{15} =$

⑪ $\dfrac{25}{24} \times 16 =$

⑫ $10 \times 1\dfrac{3}{8} =$

⑬ $2\dfrac{3}{14} \times 4 =$

⑭ $12 \times \dfrac{13}{24} =$

⑮ $\dfrac{3}{10} \times 2 =$

⑯ $10 \times \dfrac{5}{18} =$

⑰ $\dfrac{2}{5} \times 10 =$

⑱ $9 \times \dfrac{2}{3} =$

⑲ $\dfrac{7}{8} \times 6 =$

⑳ $12 \times \dfrac{9}{4} =$

㉑ $\dfrac{11}{6} \times 3 =$

㉒ $10 \times 1\dfrac{3}{5} =$

㉓ $3\dfrac{1}{2} \times 4 =$

㉔ $4 \times \dfrac{7}{10} =$

㉕ $1\dfrac{1}{9} \times 12 =$

㉖ $3 \times 2\dfrac{1}{6} =$

㉗ $\dfrac{7}{15} \times 10 =$

㉘ $8 \times \dfrac{5}{12} =$

㉙ $\dfrac{9}{4} \times 2 =$

㉚ $3 \times \dfrac{14}{9} =$

㉛ $1\dfrac{7}{8} \times 12 =$

㉜ $4 \times 3\dfrac{1}{20} =$

㉝ $\dfrac{4}{9} \times 6 =$

㉞ $18 \times \dfrac{5}{14} =$

㉟ $1\dfrac{1}{4} \times 11 =$

㊱ $52 \times \dfrac{5}{26} =$

㊲ $\dfrac{2}{7} \times 15 =$

㊳ $6 \times \dfrac{7}{16} =$

㊴ $3\dfrac{2}{3} \times 4 =$

㊵ $3 \times 1\dfrac{7}{8} =$

㊶ $1\dfrac{1}{9} \times 15 =$

㊷ $12 \times 1\dfrac{5}{9} =$

㊸ $2\dfrac{1}{10} \times 8 =$

㊹ $15 \times 4\dfrac{1}{5} =$

곱셈과 나눗셈에서 **1**만의 매력

$\dfrac{3}{7} \times 1 = \dfrac{3}{7}$

곱해도 같은 수

$\dfrac{3}{1} = 3$

나누어도 같은 수

$1 \times 1 \times 1 = 1$

아무리 많이 곱해도 1

㊺ $10 \times \dfrac{11}{15} =$

㊻ $14 \times 1\dfrac{5}{6} =$

06 여러 가지 수 곱하기

곱셈을 한 다음 **결과**에 **어떤 규칙**이 있는지 살펴봐.

● 빈칸에 알맞은 기약분수를 써 보세요.

①

곱하는 수가 1씩 커지면

×	①	②	③	4	5	6	7
$\frac{2}{3}$	$\frac{2}{3}$	$\frac{4}{3}(=1\frac{1}{3})$	2				

결과는 $\frac{2}{3}$씩 커져요.

②

×	1	2	3	4	5	6	7
$\frac{3}{5}$							

③

×	1	2	3	4	5	6	7
$\frac{3}{4}$							

④

×	1	2	3	4	5	6	7
$\frac{5}{6}$							

곱셈을 한 다음 결과에 어떤 규칙이 있는지 살펴봐.

⑤

×	1	2	3	4	5	6	7
$\dfrac{2}{5}$							

⑥

×	1	2	3	4	5	6	7
$\dfrac{5}{8}$							

⑦

×	1	2	3	4	5	6	7
$\dfrac{4}{9}$							

⑧

×	1	2	3	4	5	6	7
$\dfrac{7}{10}$							

07 두 가지 수 곱하기

곱하는 수에 따라 **결과가 어떻게 달라지는지** 살펴봐.

● 곱셈을 해 보세요.

① $\overset{2}{\cancel{6}} \times \dfrac{2}{\underset{1}{\cancel{3}}} = 2 \times 2 = 4$

곱하는 수가 1만큼 커지면
곱은 6만큼 커져요.

$6 \times 1\dfrac{2}{3} = \overset{2}{\cancel{6}} \times \dfrac{5}{\underset{1}{\cancel{3}}} = 10$

② $\dfrac{7}{10} \times 4 =$

$1\dfrac{7}{10} \times 4 =$

③ $8 \times \dfrac{3}{4} =$

$8 \times 1\dfrac{3}{4} =$

④ $\dfrac{1}{2} \times 10 =$

$1\dfrac{1}{2} \times 10 =$

⑤ $5 \times \dfrac{2}{15} =$

$5 \times 1\dfrac{2}{15} =$

⑥ $\dfrac{1}{3} \times 9 =$

$1\dfrac{1}{3} \times 9 =$

⑦ $7 \times \dfrac{3}{14} =$

$7 \times 1\dfrac{3}{14} =$

⑧ $\dfrac{1}{6} \times 12 =$

$1\dfrac{1}{6} \times 12 =$

⑨ $11 \times \dfrac{8}{11} =$

$11 \times 1\dfrac{8}{11} =$

⑩ $\dfrac{4}{7} \times 21 =$

$1\dfrac{4}{7} \times 21 =$

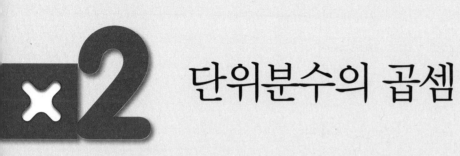

단위분수의 곱셈

분모는 분모끼리, 분자는 분자끼리 곱해! 왜냐면,

가로가 $\dfrac{1}{2}$, 세로가 $\dfrac{1}{3}$ 인
직사각형의 넓이가
$\dfrac{1\times1}{2\times3}=\dfrac{1}{6}$ 이니까,

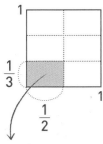

$\dfrac{1}{6}$ → 전체를 똑같이
6으로 나눈 것 중
하나

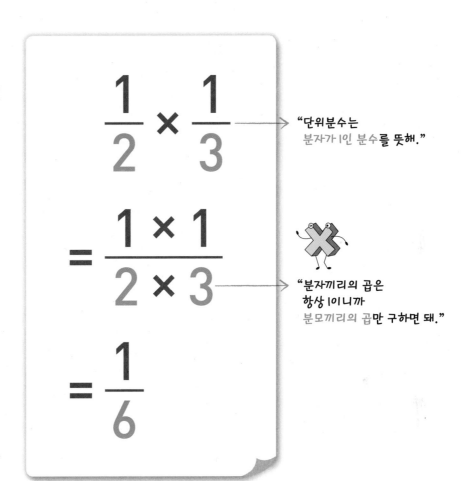

$$\dfrac{1}{2} \times \dfrac{1}{3}$$

$$= \dfrac{1 \times 1}{2 \times 3}$$

$$= \dfrac{1}{6}$$

"단위분수는
분자가 1인 분수를 뜻해."

"분자끼리의 곱은
항상 1이니까
분모끼리의 곱만 구하면 돼."

단위분수끼리의 곱은 처음 분수보다 작아져.

$$\dfrac{1}{2} \times \dfrac{1}{3} = \dfrac{1}{6}, \ \ \dfrac{1}{2} \times \dfrac{1}{3} \times \dfrac{1}{4} = \dfrac{1}{24}$$

→ $\dfrac{1}{2} > \dfrac{1}{6} > \dfrac{1}{24}$ "분자는 항상 1인데
분모는 커지니까."

×01 수직선으로 곱의 크기 알아보기

수직선에 나타내면 **전체의 얼마만큼**인지 쉽게 알 수 있어!

● 수직선을 이용하여 곱셈을 해 보세요.

$$0 \quad \frac{1}{16} \quad \frac{1}{8} \quad\quad \frac{1}{4} \quad\quad\quad\quad\quad \frac{1}{2} \quad\quad\quad\quad\quad\quad\quad\quad\quad 1$$

① $\frac{1}{2}$을 <u>2로 똑같이 나눈 것 중의 하나</u> ➡ $\frac{1}{2} \times \frac{1}{2} =$ ___$\frac{1}{4}$___

$\div 2 ➡ \times\frac{1}{2}$

② $\frac{1}{2}$을 4로 똑같이 나눈 것 중의 하나 ➡ $\frac{1}{2} \times \frac{1}{4} =$ _____

③ $\frac{1}{2}$을 8로 똑같이 나눈 것 중의 하나 ➡ $\frac{1}{2} \times \frac{1}{8} =$ _____

④ $\frac{1}{4}$을 2로 똑같이 나눈 것 중의 하나 ➡ $\frac{1}{4} \times \frac{1}{2} =$ _____

⑤ $\frac{1}{4}$을 4로 똑같이 나눈 것 중의 하나 ➡ $\frac{1}{4} \times \frac{1}{4} =$ _____

⑥ $\frac{1}{8}$을 2로 똑같이 나눈 것 중의 하나 ➡ $\frac{1}{8} \times \frac{1}{2} =$ _____

분모는 분모끼리, 분자는 분자끼리 **곱해.**

02 단위분수의 곱셈

● 곱셈을 해 보세요.

단위분수의 곱에서 분자는 항상 1이에요.

① $\dfrac{1}{2} \times \dfrac{1}{3} = \dfrac{1 \times 1}{2 \times 3} = \dfrac{1}{6}$

분모는 분모끼리, 분자는 분자끼리 곱해요.

② $\dfrac{1}{5} \times \dfrac{1}{7} =$

③ $\dfrac{1}{4} \times \dfrac{1}{5} =$

④ $\dfrac{1}{8} \times \dfrac{1}{3} =$

⑤ $\dfrac{1}{7} \times \dfrac{1}{7} =$

⑥ $\dfrac{1}{5} \times \dfrac{1}{8} =$

⑦ $\dfrac{1}{4} \times \dfrac{1}{8} =$

⑧ $\dfrac{1}{9} \times \dfrac{1}{3} =$

⑨ $\dfrac{1}{9} \times \dfrac{1}{9} =$

⑩ $\dfrac{1}{9} \times \dfrac{1}{5} =$

⑪ $\dfrac{1}{12} \times \dfrac{1}{5} =$

⑫ $\dfrac{1}{6} \times \dfrac{1}{7} =$

⑬ $\dfrac{1}{5} \times \dfrac{1}{11} =$

⑭ $\dfrac{1}{11} \times \dfrac{1}{3} =$

⑮ $\dfrac{1}{13} \times \dfrac{1}{4} =$

⑯ $\dfrac{1}{3} \times \dfrac{1}{10} =$

⑰ $\dfrac{1}{5} \times \dfrac{1}{3} =$

⑱ $\dfrac{1}{11} \times \dfrac{1}{2} =$

⑲ $\dfrac{1}{7} \times \dfrac{1}{9} =$

⑳ $\dfrac{1}{4} \times \dfrac{1}{10} =$

㉑ $\dfrac{1}{12} \times \dfrac{1}{2} =$

㉒ $\dfrac{1}{3} \times \dfrac{1}{7} =$

㉓ $\dfrac{1}{3} \times \dfrac{1}{12} =$

㉔ $\dfrac{1}{8} \times \dfrac{1}{8} =$

㉕ $\dfrac{1}{15} \times \dfrac{1}{3} =$

㉖ $\dfrac{1}{12} \times \dfrac{1}{4} =$

㉗ $\dfrac{1}{13} \times \dfrac{1}{6} =$

㉘ $\dfrac{1}{4} \times \dfrac{1}{6} =$

㉙ $\dfrac{1}{25} \times \dfrac{1}{2} =$

㉚ $\dfrac{1}{4} \times \dfrac{1}{25} =$

㉛ $\dfrac{1}{6} \times \dfrac{1}{21} =$

㉜ $\dfrac{1}{7} \times \dfrac{1}{12} =$

㉝ $\dfrac{1}{9} \times \dfrac{1}{4} =$

㉞ $\dfrac{1}{11} \times \dfrac{1}{8} =$

㉟ $\dfrac{1}{15} \times \dfrac{1}{5} =$

㊱ $\dfrac{1}{25} \times \dfrac{1}{3} =$

㊲ $\dfrac{1}{16} \times \dfrac{1}{5} =$

㊳ $\dfrac{1}{13} \times \dfrac{1}{3} =$

㊴ $\dfrac{1}{6} \times \dfrac{1}{9} =$

㊵ $\dfrac{1}{8} \times \dfrac{1}{9} =$

두 수씩 차례로 곱해요.

㊶ $\dfrac{1}{3} \times \dfrac{1}{2} \times \dfrac{1}{2} =$

㊷ $\dfrac{1}{4} \times \dfrac{1}{3} \times \dfrac{1}{2} =$

㊸ $\dfrac{1}{9} \times \dfrac{1}{3} \times \dfrac{1}{2} =$

㊹ $\dfrac{1}{4} \times \dfrac{1}{2} \times \dfrac{1}{7} =$

㊺ $\dfrac{1}{9} \times \dfrac{1}{4} \times \dfrac{1}{2} =$

㊻ $\dfrac{1}{2} \times \dfrac{1}{5} \times \dfrac{1}{2} =$

㊼ $\dfrac{1}{4} \times \dfrac{1}{3} \times \dfrac{1}{9} =$

㊽ $\dfrac{1}{3} \times \dfrac{1}{7} \times \dfrac{1}{3} =$

03 다르면서 같은 곱셈

● 곱셈을 해 보세요.

① $\frac{1}{2} \times \frac{1}{6} = \frac{1}{2 \times 6} = \frac{1}{12}$

$\frac{1}{3} \times \frac{1}{4} = \frac{1}{3 \times 4} = \frac{1}{12}$

$\frac{1}{4} \times \frac{1}{3} = \frac{1}{4 \times 3} = \frac{1}{12}$

분모의 곱이 같으면 계산 결과가 같아요.

② $\frac{1}{2} \times \frac{1}{10} =$

$\frac{1}{4} \times \frac{1}{5} =$

$\frac{1}{5} \times \frac{1}{4} =$

③ $\frac{1}{4} \times \frac{1}{4} =$

$\frac{1}{2} \times \frac{1}{8} =$

$\frac{1}{8} \times \frac{1}{2} =$

④ $\frac{1}{9} \times \frac{1}{8} =$

$\frac{1}{8} \times \frac{1}{9} =$

$\frac{1}{18} \times \frac{1}{4} =$

⑤ $\frac{1}{2} \times \frac{1}{24} =$

$\frac{1}{4} \times \frac{1}{12} =$

$\frac{1}{6} \times \frac{1}{8} =$

⑥ $\frac{1}{20} \times \frac{1}{4} =$

$\frac{1}{5} \times \frac{1}{16} =$

$\frac{1}{8} \times \frac{1}{10} =$

⑦ $\frac{1}{30} \times \frac{1}{3} =$

$\frac{1}{2} \times \frac{1}{45} =$

$\frac{1}{10} \times \frac{1}{9} =$

⑧ $\frac{1}{3} \times \frac{1}{12} =$

$\frac{1}{2} \times \frac{1}{18} =$

$\frac{1}{9} \times \boxed{} = \frac{1}{36}$

⑨ $\frac{1}{7} \times \frac{1}{6} =$

$\frac{1}{3} \times \frac{1}{14} =$

$\frac{1}{2} \times \boxed{} = \frac{1}{42}$

⑩ $\dfrac{1}{16} \times \dfrac{1}{2} =$

$\dfrac{1}{4} \times \dfrac{1}{8} =$

$\dfrac{1}{8} \times \dfrac{1}{4} =$

⑪ $\dfrac{1}{10} \times \dfrac{1}{5} =$

$\dfrac{1}{25} \times \dfrac{1}{2} =$

$\dfrac{1}{2} \times \dfrac{1}{25} =$

⑫ $\dfrac{1}{8} \times \dfrac{1}{7} =$

$\dfrac{1}{4} \times \dfrac{1}{14} =$

$\dfrac{1}{2} \times \dfrac{1}{28} =$

⑬ $\dfrac{1}{9} \times \dfrac{1}{9} =$

$\dfrac{1}{3} \times \dfrac{1}{27} =$

$\dfrac{1}{27} \times \dfrac{1}{3} =$

⑭ $\dfrac{1}{10} \times \dfrac{1}{3} =$

$\dfrac{1}{6} \times \dfrac{1}{5} =$

$\dfrac{1}{2} \times \dfrac{1}{15} =$

⑮ $\dfrac{1}{8} \times \dfrac{1}{8} =$

$\dfrac{1}{4} \times \dfrac{1}{16} =$

$\dfrac{1}{32} \times \dfrac{1}{2} =$

⑯ $\dfrac{1}{4} \times \dfrac{1}{6} =$

$\dfrac{1}{3} \times \dfrac{1}{8} =$

$\dfrac{1}{12} \times \dfrac{1}{2} =$

⑰ $\dfrac{1}{6} \times \dfrac{1}{8} =$

$\dfrac{1}{12} \times \dfrac{1}{4} =$

$\dfrac{1}{3} \times \boxed{} = \dfrac{1}{48}$

⑱ $\dfrac{1}{4} \times \dfrac{1}{21} =$

$\dfrac{1}{3} \times \dfrac{1}{28} =$

$\dfrac{1}{12} \times \boxed{} = \dfrac{1}{84}$

단위분수를 곱하고 **결과의 크기를 비교**해 봐.

04 단위분수의 곱 비교하기

● 곱셈을 하고 결과를 비교해 보세요.

① $\dfrac{1}{2} \times \dfrac{1}{2} = \dfrac{1}{4}$

$\dfrac{1}{2} \times \dfrac{1}{2} \times \dfrac{1}{2} = \dfrac{1}{8}$

단위분수는 곱할수록 결과가 작아져요.

② $\dfrac{1}{7} \times \dfrac{1}{2} =$

$\dfrac{1}{7} \times \dfrac{1}{2} \times \dfrac{1}{3} =$

③ $\dfrac{1}{3} \times \dfrac{1}{3} =$

$\dfrac{1}{3} \times \dfrac{1}{3} \times \dfrac{1}{4} =$

④ $\dfrac{1}{2} \times \dfrac{1}{11} =$

$\dfrac{1}{2} \times \dfrac{1}{11} \times \dfrac{1}{2} =$

⑤ $\dfrac{1}{2} \times \dfrac{1}{5} =$

$\dfrac{1}{2} \times \dfrac{1}{5} \times \dfrac{1}{3} =$

⑥ $\dfrac{1}{13} \times \dfrac{1}{2} =$

$\dfrac{1}{13} \times \dfrac{1}{2} \times \dfrac{1}{2} =$

⑦ $\dfrac{1}{8} \times \dfrac{1}{3} =$

$\dfrac{1}{8} \times \dfrac{1}{3} \times \dfrac{1}{3} =$

⑧ $\dfrac{1}{6} \times \dfrac{1}{3} =$

$\dfrac{1}{6} \times \dfrac{1}{3} \times \dfrac{1}{5} =$

⑨ $\dfrac{1}{3} \times \dfrac{1}{2} =$

$\dfrac{1}{3} \times \dfrac{1}{2} \times \dfrac{1}{5} =$

⑩ $\dfrac{1}{5} \times \dfrac{1}{5} =$

$\dfrac{1}{5} \times \dfrac{1}{5} \times \dfrac{1}{4} =$

⑪ $\dfrac{1}{4} \times \dfrac{1}{5} =$

$\dfrac{1}{4} \times \dfrac{1}{5} \times \dfrac{1}{3} =$

⑫ $\dfrac{1}{9} \times \dfrac{1}{6} =$

$\dfrac{1}{9} \times \dfrac{1}{6} \times \dfrac{1}{2} =$

⑬ $\dfrac{1}{3} \times \dfrac{1}{12} =$

$\dfrac{1}{3} \times \dfrac{1}{12} \times \dfrac{1}{2} =$

⑭ $\dfrac{1}{7} \times \dfrac{1}{6} =$

$\dfrac{1}{7} \times \dfrac{1}{6} \times \dfrac{1}{4} =$

⑮ $\dfrac{1}{5} \times \dfrac{1}{10} =$

$\dfrac{1}{5} \times \dfrac{1}{10} \times \dfrac{1}{7} =$

⑯ $\dfrac{1}{20} \times \dfrac{1}{6} =$

$\dfrac{1}{20} \times \dfrac{1}{6} \times \dfrac{1}{3} =$

곱하는 수의 크기만 비교해도 알 수 있어.

05 계산하지 않고 크기 비교하기

● 계산하지 않고 크기를 비교하여 ○ 안에 >, =, <를 써 보세요.

① $\frac{1}{3}$ > $\frac{1}{3} \times \frac{1}{2}$

1보다 작은 수를 곱하면
처음 수보다 작아져요.

② $\frac{1}{7}$ ○ $\frac{1}{7} \times \frac{1}{3}$

③ $\frac{1}{2} \times \frac{1}{5}$ ○ $\frac{1}{2}$

④ $\frac{1}{4} \times \frac{1}{5}$ ○ $\frac{1}{5}$

⑤ $\frac{1}{9} \times \frac{1}{10}$ ○ $\frac{1}{9} \times \frac{1}{9}$

작은 수를 곱한 쪽이 더 작아요.

⑥ $\frac{1}{6} \times \frac{1}{5}$ ○ $\frac{1}{6} \times \frac{1}{7}$

⑦ $\frac{1}{3} \times \frac{1}{3}$ ○ $\frac{1}{3} \times \frac{1}{4}$

⑧ $\frac{1}{11} \times \frac{1}{2}$ ○ $\frac{1}{11} \times \frac{1}{5}$

⑨ $\frac{1}{8} \times \frac{1}{9}$ ○ $\frac{1}{9} \times \frac{1}{9}$

⑩ $\frac{1}{16} \times \frac{1}{3}$ ○ $\frac{1}{15} \times \frac{1}{3}$

⑪ $\frac{1}{32} \times \frac{1}{4}$ ○ $\frac{1}{30} \times \frac{1}{4}$

⑫ $\frac{1}{14} \times \frac{1}{13}$ ○ $\frac{1}{10} \times \frac{1}{13}$

⑬ $\frac{1}{18} \times \frac{1}{5}$ ○ $\frac{1}{18} \times \frac{1}{5} \times \frac{1}{2}$

⑭ $\frac{1}{4} \times \frac{1}{6} \times \frac{1}{2}$ ○ $\frac{1}{4} \times \frac{1}{6}$

⑮ $\frac{1}{8} \times \frac{1}{12} \times \frac{1}{5}$ ○ $\frac{1}{8} \times \frac{1}{12} \times \frac{1}{3}$

⑯ $\frac{1}{3} \times \frac{1}{5} \times \frac{1}{8}$ ○ $\frac{1}{3} \times \frac{1}{5} \times \frac{1}{9}$

06 묶어서 계산하기

 곱셈은 순서를 바꾸어 계산해도 결과가 같아.

● 곱셈을 해 보세요.

① $\left(\dfrac{1}{3} \times \dfrac{1}{4}\right) \times \dfrac{1}{5} = \dfrac{1}{12} \times \dfrac{1}{5} = \dfrac{1}{60}$

괄호 안을 먼저 계산해요.

$\dfrac{1}{3} \times \left(\dfrac{1}{4} \times \dfrac{1}{5}\right) = \dfrac{1}{3} \times \dfrac{1}{20} = \dfrac{1}{60}$

② $\left(\dfrac{1}{6} \times \dfrac{1}{3}\right) \times \dfrac{1}{2} =$

$\dfrac{1}{6} \times \left(\dfrac{1}{3} \times \dfrac{1}{2}\right) =$

③ $\left(\dfrac{1}{8} \times \dfrac{1}{2}\right) \times \dfrac{1}{5} =$

$\dfrac{1}{8} \times \left(\dfrac{1}{2} \times \dfrac{1}{5}\right) =$

④ $\left(\dfrac{1}{4} \times \dfrac{1}{2}\right) \times \dfrac{1}{11} =$

$\dfrac{1}{4} \times \left(\dfrac{1}{2} \times \dfrac{1}{11}\right) =$

⑤ $\left(\dfrac{1}{3} \times \dfrac{1}{4}\right) \times \dfrac{1}{3} =$

$\dfrac{1}{3} \times \left(\dfrac{1}{4} \times \dfrac{1}{3}\right) =$

⑥ $\left(\dfrac{1}{2} \times \dfrac{1}{4}\right) \times \dfrac{1}{5} =$

$\dfrac{1}{2} \times \left(\dfrac{1}{4} \times \dfrac{1}{5}\right) =$

⑦ $\left(\dfrac{1}{2} \times \dfrac{1}{7}\right) \times \dfrac{1}{3} =$

$\dfrac{1}{2} \times \left(\dfrac{1}{7} \times \dfrac{1}{3}\right) =$

⑧ $\left(\dfrac{1}{3} \times \dfrac{1}{5}\right) \times \dfrac{1}{9} =$

$\dfrac{1}{3} \times \left(\dfrac{1}{5} \times \dfrac{1}{9}\right) =$

⑨ $\left(\dfrac{1}{6} \times \dfrac{1}{5}\right) \times \dfrac{1}{3} =$

$\dfrac{1}{6} \times \left(\dfrac{1}{5} \times \dfrac{1}{3}\right) =$

⑩ $\left(\dfrac{1}{8} \times \dfrac{1}{3}\right) \times \dfrac{1}{2} =$

$\dfrac{1}{8} \times \left(\dfrac{1}{3} \times \dfrac{1}{2}\right) =$

4일차 공부한 날: 월 일

⑪ $\left(\dfrac{1}{5} \times \dfrac{1}{2}\right) \times \dfrac{1}{5} =$

$\dfrac{1}{5} \times \left(\dfrac{1}{2} \times \dfrac{1}{5}\right) =$

⑫ $\left(\dfrac{1}{4} \times \dfrac{1}{3}\right) \times \dfrac{1}{8} =$

$\dfrac{1}{4} \times \left(\dfrac{1}{3} \times \dfrac{1}{8}\right) =$

⑬ $\left(\dfrac{1}{3} \times \dfrac{1}{8}\right) \times \dfrac{1}{7} =$

$\dfrac{1}{3} \times \left(\dfrac{1}{8} \times \dfrac{1}{7}\right) =$

⑭ $\left(\dfrac{1}{2} \times \dfrac{1}{9}\right) \times \dfrac{1}{10} =$

$\dfrac{1}{2} \times \left(\dfrac{1}{9} \times \dfrac{1}{10}\right) =$

⑮ $\left(\dfrac{1}{2} \times \dfrac{1}{5}\right) \times \dfrac{1}{6} =$

$\dfrac{1}{2} \times \left(\dfrac{1}{5} \times \dfrac{1}{6}\right) =$

⑯ $\left(\dfrac{1}{4} \times \dfrac{1}{5}\right) \times \dfrac{1}{5} =$

$\dfrac{1}{4} \times \left(\dfrac{1}{5} \times \dfrac{1}{5}\right) =$

⑰ $\left(\dfrac{1}{6} \times \dfrac{1}{8}\right) \times \dfrac{1}{5} =$

$\dfrac{1}{6} \times \left(\dfrac{1}{8} \times \dfrac{1}{5}\right) =$

⑱ $\left(\dfrac{1}{3} \times \dfrac{1}{5}\right) \times \dfrac{1}{12} =$

$\dfrac{1}{3} \times \left(\dfrac{1}{5} \times \dfrac{1}{12}\right) =$

중학생이 되면 결합법칙이라고 불러.

$$\left(\dfrac{1}{5} \times \dfrac{1}{4}\right) \times \dfrac{1}{7} = \dfrac{1}{5} \times \left(\dfrac{1}{4} \times \dfrac{1}{7}\right)$$

$$(5 \times 4) \times 7 = 5 \times (4 \times 7)$$

$$\underline{(a \times b) \times c = a \times (b \times c)}$$

⑲ $\left(\dfrac{1}{8} \times \dfrac{1}{20}\right) \times \dfrac{1}{3} =$

$\dfrac{1}{8} \times \left(\dfrac{1}{20} \times \dfrac{1}{3}\right) =$

어느 수를 먼저 곱해야 계산이 편할까?

07 편리한 방법으로 계산하기

● 어떤 순서로 계산하면 편리한지 순서를 나타내고 곱셈을 해 보세요.

① $\dfrac{1}{7} \times \dfrac{1}{2} \times \dfrac{1}{3} = \dfrac{1}{42}$

$\dfrac{1}{6}$

$\dfrac{1}{42}$

14×3보다 7×6이 계산하기 편리해요.

② $\dfrac{1}{9} \times \dfrac{1}{5} \times \dfrac{1}{2} =$

③ $\dfrac{1}{2} \times \dfrac{1}{9} \times \dfrac{1}{3} =$

④ $\dfrac{1}{5} \times \dfrac{1}{11} \times \dfrac{1}{2} =$

⑤ $\dfrac{1}{4} \times \dfrac{1}{2} \times \dfrac{1}{6} =$

⑥ $\dfrac{1}{6} \times \dfrac{1}{3} \times \dfrac{1}{2} =$

⑦ $\dfrac{1}{7} \times \dfrac{1}{15} \times \dfrac{1}{2} =$

⑧ $\dfrac{1}{3} \times \dfrac{1}{4} \times \dfrac{1}{3} =$

⑨ $\dfrac{1}{2} \times \dfrac{1}{8} \times \dfrac{1}{2} =$

⑩ $\dfrac{1}{6} \times \dfrac{1}{5} \times \dfrac{1}{9} =$

⑪ $\dfrac{1}{3} \times \dfrac{1}{5} \times \dfrac{1}{8} =$

⑫ $\dfrac{1}{5} \times \dfrac{1}{12} \times \dfrac{1}{6} =$

⑬ $\dfrac{1}{7} \times \dfrac{1}{2} \times \dfrac{1}{5} =$

⑭ $\dfrac{1}{8} \times \dfrac{1}{4} \times \dfrac{1}{2} =$

⑮ $\dfrac{1}{3} \times \dfrac{1}{3} \times \dfrac{1}{9} =$

⑯ $\dfrac{1}{2} \times \dfrac{1}{6} \times \dfrac{1}{20} =$

⑰ $\dfrac{1}{5} \times \dfrac{1}{3} \times \dfrac{1}{6} =$

⑱ $\dfrac{1}{3} \times \dfrac{1}{2} \times \dfrac{1}{25} =$

⑲ $\dfrac{1}{9} \times \dfrac{1}{4} \times \dfrac{1}{5} =$

⑳ $\dfrac{1}{2} \times \dfrac{1}{18} \times \dfrac{1}{5} =$

㉑ $\dfrac{1}{8} \times \dfrac{1}{5} \times \dfrac{1}{7} =$

㉒ $\dfrac{1}{4} \times \dfrac{1}{6} \times \dfrac{1}{25} =$

㉓ $\dfrac{1}{11} \times \dfrac{1}{2} \times \dfrac{1}{50} =$

㉔ $\dfrac{1}{9} \times \dfrac{1}{8} \times \dfrac{1}{125} =$

08 분수를 곱셈으로 나타내기

● □ 안에 알맞은 수를 써 보세요. (단, 답은 여러 가지가 될 수 있습니다.)

① $\dfrac{1}{8} = \dfrac{1}{\boxed{2}} \times \dfrac{1}{\boxed{4}}$ ⟨예⟩

    ❶ 분모끼리 곱하므로 8 = □ × □ 예요.

    ❷ 8은 1×8, 2×4, 4×2, 8×1로 나타낼 수 있어요.

② $\dfrac{1}{21} = \dfrac{1}{\boxed{}} \times \dfrac{1}{\boxed{}}$

③ $\dfrac{1}{16} = \dfrac{1}{\boxed{}} \times \dfrac{1}{\boxed{}}$

④ $\dfrac{1}{27} = \dfrac{1}{\boxed{}} \times \dfrac{1}{\boxed{}}$

⑤ $\dfrac{1}{24} = \dfrac{1}{\boxed{}} \times \dfrac{1}{\boxed{}}$

⑥ $\dfrac{1}{14} = \dfrac{1}{\boxed{}} \times \dfrac{1}{\boxed{}}$

⑦ $\dfrac{1}{50} = \dfrac{1}{\boxed{}} \times \dfrac{1}{\boxed{}}$

⑧ $\dfrac{1}{36} = \dfrac{1}{\boxed{}} \times \dfrac{1}{\boxed{}}$

⑨ $\dfrac{1}{45} = \dfrac{1}{\boxed{}} \times \dfrac{1}{\boxed{}}$

⑩ $\dfrac{1}{72} = \dfrac{1}{\boxed{}} \times \dfrac{1}{\boxed{}}$

⑪ $\dfrac{1}{39} = \dfrac{1}{\boxed{}} \times \dfrac{1}{\boxed{}}$

⑫ $\dfrac{1}{48} = \dfrac{1}{\boxed{}} \times \dfrac{1}{\boxed{}}$

⑬ $\dfrac{1}{56} = \dfrac{1}{\boxed{}} \times \dfrac{1}{\boxed{}}$

⑭ $\dfrac{1}{66} = \dfrac{1}{\boxed{}} \times \dfrac{1}{\boxed{}}$

⑮ $\dfrac{1}{28} = \dfrac{1}{\boxed{}} \times \dfrac{1}{\boxed{}}$

⑯ $\dfrac{1}{54} = \dfrac{1}{\boxed{}} \times \dfrac{1}{\boxed{}}$

×3 진분수, 가분수의 곱셈

분모는 분모끼리, 분자는 분자끼리 곱해!

가로가 $\dfrac{2}{5}$, 세로가 $\dfrac{2}{3}$ 인

직사각형의 넓이가

$\dfrac{2\times2}{5\times3} = \dfrac{4}{15}$ 니까,

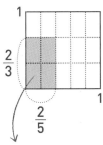

$\dfrac{2}{3}$

$\dfrac{2}{5}$

$\dfrac{4}{15}$ ➡ 전체를 똑같이
15로 나눈 것 중
4칸

$$\dfrac{2}{5} \times \dfrac{2}{3}$$

$$= \dfrac{2 \times 2}{5 \times 3}$$

$$= \dfrac{4}{15}$$

"가분수의 곱셈도
진분수의 곱셈과
같은 방법으로 계산하면 돼."

먼저 약분하고 곱하면 계산이 간단해져.

$$\dfrac{3}{10} \times \dfrac{5}{6} = \dfrac{3\times5}{10\times6} = \dfrac{15}{60} = \dfrac{1}{4}$$

vs

$$\dfrac{\overset{1}{3}}{\underset{2}{10}} \times \dfrac{\overset{1}{5}}{\underset{2}{6}} = \dfrac{1\times1}{2\times2} = \dfrac{1}{4}$$ "작은 수로 간단히 계산할 수 있네!"

01 그림을 분수로 나타내기

빗금친 부분의 넓이가 얼마인지 생각해 봐.

● 빗금친 부분은 전체의 얼마인지 곱셈을 하여 분수로 나타내 보세요.

①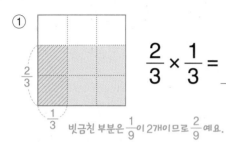

$$\frac{2}{3} \times \frac{1}{3} = \underline{\frac{2}{9}}$$

빗금친 부분은 $\frac{1}{9}$이 2개이므로 $\frac{2}{9}$예요.

②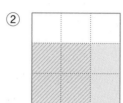

$$\frac{2}{3} \times \frac{2}{3} = \underline{\hspace{2cm}}$$

③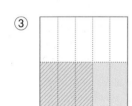

$$\frac{1}{2} \times \frac{3}{5} = \underline{\hspace{2cm}}$$

④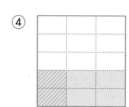

$$\frac{2}{5} \times \frac{1}{3} = \underline{\hspace{2cm}}$$

⑤

$$\frac{3}{4} \times \frac{1}{2} = \underline{\hspace{2cm}}$$

⑥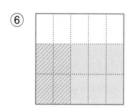

$$\frac{2}{3} \times \frac{2}{5} = \underline{\hspace{2cm}}$$

⑦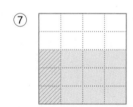

$$\frac{3}{5} \times \frac{1}{4} = \underline{\hspace{2cm}}$$

⑧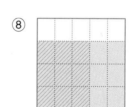

$$\frac{3}{4} \times \frac{3}{5} = \underline{\hspace{2cm}}$$

⑨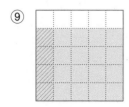

$$\frac{4}{5} \times \frac{1}{5} = \underline{\hspace{2cm}}$$

⑩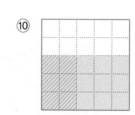

$$\frac{3}{5} \times \frac{2}{5} = \underline{\hspace{2cm}}$$

02 분수의 곱셈 방법 익히기

분모는 분모끼리, 분자는 분자끼리 곱해!

● □ 안에 알맞은 수를 쓰고 곱셈을 해 보세요.

분자끼리 곱해서 곱의 분자에 써요.

① $\dfrac{2}{3} \times \dfrac{2}{7} = \dfrac{2 \times \boxed{2}}{3 \times \boxed{7}} = \dfrac{4}{21}$

분모끼리 곱해서 곱의 분모에 써요.

② $\dfrac{3}{5} \times \dfrac{1}{8} = \dfrac{3 \times \boxed{}}{5 \times \boxed{}} = \underline{}$

③ $\dfrac{3}{4} \times \dfrac{7}{5} = \dfrac{3 \times \boxed{}}{4 \times \boxed{}} = \underline{}$

결과가 가분수이면
대분수로 나타낼 수도 있어요.

④ $\dfrac{5}{7} \times \dfrac{5}{3} = \dfrac{5 \times \boxed{}}{7 \times \boxed{}} = \underline{}$

⑤ $\dfrac{9}{2} \times \dfrac{1}{4} = \dfrac{9 \times \boxed{}}{2 \times \boxed{}} = \underline{}$

⑥ $\dfrac{8}{5} \times \dfrac{4}{3} = \dfrac{8 \times \boxed{}}{5 \times \boxed{}} = \underline{}$

⑦ $\dfrac{6}{7} \times \dfrac{6}{7} = \dfrac{6 \times \boxed{}}{7 \times \boxed{}} = \underline{}$

⑧ $\dfrac{3}{2} \times \dfrac{7}{8} = \dfrac{3 \times \boxed{}}{2 \times \boxed{}} = \underline{}$

⑨ $\dfrac{8}{9} \times \dfrac{4}{5} = \dfrac{8 \times \boxed{}}{9 \times \boxed{}} = \underline{}$

⑩ $\dfrac{3}{8} \times \dfrac{9}{5} = \dfrac{3 \times \boxed{}}{8 \times \boxed{}} = \underline{}$

⑪ $\dfrac{4}{11} \times \dfrac{2}{3} = \dfrac{4 \times \boxed{}}{11 \times \boxed{}} = \underline{}$

⑫ $\dfrac{9}{20} \times \dfrac{3}{4} = \dfrac{9 \times \boxed{}}{20 \times \boxed{}} = \underline{}$

⑬ $\dfrac{17}{16} \times \dfrac{5}{4} = \dfrac{17 \times \boxed{}}{16 \times \boxed{}} = \underline{}$

⑭ $\dfrac{10}{9} \times \dfrac{8}{7} = \dfrac{10 \times \boxed{}}{9 \times \boxed{}} = \underline{}$

03 약분하여 계산하기 먼저 약분하면 계산이 훨씬 간단하겠지?

● 곱셈을 하여 기약분수 또는 자연수로 나타내 보세요.

① 약분이 되면 먼저 약분해요.

① $\dfrac{3}{4} \times \dfrac{1}{3} = \dfrac{1 \times 1}{4 \times 1} = \dfrac{1}{4}$

② 분모는 분모끼리, 분자는 분자끼리 곱해요.

② $\dfrac{2}{3} \times \dfrac{1}{4} =$

③ $\dfrac{5}{6} \times \dfrac{3}{4} =$

분모끼리는 약분할 수 없어요.

④ $\dfrac{4}{7} \times \dfrac{3}{2} =$

⑤ $\dfrac{2}{9} \times \dfrac{3}{5} =$

⑥ $\dfrac{5}{12} \times \dfrac{9}{7} =$

⑦ $\dfrac{7}{4} \times \dfrac{8}{11} =$

⑧ $\dfrac{8}{15} \times \dfrac{5}{6} =$

⑨ $\dfrac{8}{5} \times \dfrac{15}{4} =$

⑩ $\dfrac{10}{7} \times \dfrac{3}{8} =$

⑪ $\dfrac{7}{12} \times \dfrac{8}{21} =$

⑫ $\dfrac{9}{2} \times \dfrac{12}{5} =$

⑬ $\dfrac{3}{10} \times \dfrac{11}{12} =$

⑭ $\dfrac{5}{9} \times \dfrac{27}{25} =$

⑮ $\dfrac{6}{5} \times \dfrac{10}{9} =$

⑯ $\dfrac{7}{13} \times \dfrac{5}{14} =$

⑰ $\dfrac{1}{2} \times \dfrac{2}{5} =$

⑱ $\dfrac{3}{4} \times \dfrac{5}{9} =$

⑲ $\dfrac{7}{3} \times \dfrac{9}{10} =$

⑳ $\dfrac{2}{5} \times \dfrac{5}{2} =$

㉑ $\dfrac{5}{8} \times \dfrac{4}{15} =$

㉒ $\dfrac{9}{4} \times \dfrac{8}{3} =$

㉓ $\dfrac{1}{6} \times \dfrac{3}{10} =$

㉔ $\dfrac{4}{5} \times \dfrac{1}{4} =$

㉕ $\dfrac{8}{9} \times \dfrac{6}{7} =$

㉖ $\dfrac{8}{5} \times \dfrac{10}{11} =$

㉗ $\dfrac{4}{3} \times \dfrac{5}{14} =$

㉘ $\dfrac{5}{12} \times \dfrac{3}{8} =$

㉙ $\dfrac{9}{10} \times \dfrac{5}{4} =$

㉚ $\dfrac{14}{5} \times \dfrac{2}{7} =$

㉛ $\dfrac{20}{9} \times \dfrac{21}{10} =$

㉜ $\dfrac{8}{15} \times \dfrac{12}{13} =$

먼저 약분하면 계산이 훨씬 간단하겠지?

③ $\dfrac{4}{3} \times \dfrac{3}{2} =$

④ $\dfrac{5}{4} \times \dfrac{7}{5} =$

⑤ $\dfrac{7}{11} \times \dfrac{22}{15} =$

⑥ $\dfrac{9}{5} \times \dfrac{2}{3} =$

⑦ $\dfrac{2}{7} \times \dfrac{5}{8} =$

⑧ $\dfrac{5}{8} \times \dfrac{13}{15} =$

⑨ $\dfrac{12}{7} \times \dfrac{9}{4} =$

⑩ $\dfrac{14}{9} \times \dfrac{6}{7} =$

⑪ $\dfrac{8}{7} \times \dfrac{21}{16} =$

⑫ $\dfrac{35}{34} \times \dfrac{17}{9} =$

⑬ $\dfrac{21}{50} \times \dfrac{4}{7} =$

⑭ $\dfrac{21}{40} \times \dfrac{45}{28} =$

⑮ $\dfrac{35}{26} \times \dfrac{13}{10} =$

$\dfrac{3}{4} \diagdown\!\!\!\!\!\diagup \dfrac{2}{3}$ ⤬ 방향으로만 약분할 수 있다.

⑯ $\dfrac{18}{19} \times \dfrac{38}{27} =$

먼저 **약분**하기! 결과가 가분수이면 **대분수로 나타내기!**

04 분수의 곱셈

● 곱셈을 하여 기약분수 또는 자연수로 나타내 보세요.

❶ 약분이 되면 약분을 한 다음 곱해요.

① $\dfrac{2}{7} \times \dfrac{1}{2} = \dfrac{\cancel{2} \times 1}{7 \times \cancel{2}} = \dfrac{1}{7}$

분모는 분모끼리, 분자는 분자끼리 곱해요.

② $\dfrac{\cancel{6}}{5} \times \dfrac{4}{\cancel{3}} =$

❷ 결과가 가분수이면 대분수로 나타내요.

③ $\dfrac{3}{5} \times \dfrac{4}{7} =$

④ $\dfrac{5}{4} \times \dfrac{3}{2} =$

⑤ $\dfrac{1}{4} \times \dfrac{8}{11} =$

⑥ $\dfrac{7}{3} \times \dfrac{6}{13} =$

⑦ $\dfrac{5}{18} \times \dfrac{9}{25} =$

⑧ $\dfrac{21}{10} \times \dfrac{25}{14} =$

⑨ $\dfrac{16}{21} \times \dfrac{7}{20} =$

⑩ $\dfrac{11}{6} \times \dfrac{12}{5} =$

⑪ $\dfrac{7}{12} \times \dfrac{9}{10} =$

⑫ $\dfrac{8}{3} \times \dfrac{13}{12} =$

⑬ $\dfrac{13}{27} \times \dfrac{18}{39} =$

⑭ $\dfrac{18}{5} \times \dfrac{15}{4} =$

⑮ $\dfrac{12}{45} \times \dfrac{35}{48} =$

⑯ $\dfrac{20}{7} \times \dfrac{9}{8} =$

45

⑰ $\dfrac{7}{8} \times \dfrac{4}{5} =$

⑱ $\dfrac{9}{5} \times \dfrac{7}{3} =$

⑲ $\dfrac{4}{9} \times \dfrac{6}{7} =$

⑳ $\dfrac{11}{4} \times \dfrac{15}{22} =$

㉑ $\dfrac{16}{7} \times \dfrac{14}{15} =$

㉒ $\dfrac{13}{28} \times \dfrac{35}{8} =$

㉓ $\dfrac{7}{6} \times \dfrac{16}{9} =$

㉔ $\dfrac{3}{10} \times \dfrac{14}{9} =$

㉕ $\dfrac{9}{4} \times \dfrac{18}{5} =$

㉖ $\dfrac{16}{3} \times \dfrac{7}{48} =$

㉗ $\dfrac{14}{9} \times \dfrac{36}{35} =$

㉘ $\dfrac{7}{20} \times \dfrac{15}{4} =$

㉙ $\dfrac{4}{21} \times \dfrac{49}{2} =$

㉚ $\dfrac{8}{15} \times \dfrac{10}{3} =$

㉛ $\dfrac{8}{33} \times \dfrac{11}{15} =$

㉜ $\dfrac{12}{5} \times \dfrac{25}{14} =$

㉝ $\dfrac{1}{12} \times \dfrac{14}{3} =$

㉞ $\dfrac{9}{8} \times \dfrac{5}{4} =$

㉟ $\dfrac{24}{5} \times \dfrac{2}{9} =$

㊱ $\dfrac{9}{10} \times \dfrac{7}{12} =$

㊲ $\dfrac{3}{8} \times \dfrac{6}{15} =$

㊳ $\dfrac{14}{39} \times \dfrac{13}{16} =$

㊴ $\dfrac{9}{2} \times \dfrac{25}{12} =$

㊵ $\dfrac{8}{7} \times \dfrac{7}{2} =$

㊶ $\dfrac{13}{6} \times \dfrac{1}{6} =$

㊷ $\dfrac{20}{17} \times \dfrac{34}{35} =$

㊸ $\dfrac{17}{8} \times \dfrac{16}{13} =$

㊹ $\dfrac{45}{11} \times \dfrac{44}{15} =$

㊺ $\dfrac{35}{22} \times \dfrac{55}{56} =$

㊻ $\dfrac{9}{32} \times \dfrac{16}{7} =$

㊼ $\dfrac{16}{15} \times \dfrac{7}{32} =$

㊽ $\dfrac{25}{12} \times \dfrac{14}{15} =$

05 세 분수의 곱셈

약분할 수 있는 것은 모두 약분해야 계산이 간단하겠지?

● 곱셈을 하여 기약분수 또는 자연수로 나타내 보세요.

① $\dfrac{\cancel{2}}{\cancel{3}} \times \dfrac{5}{\cancel{4}_2} \times \dfrac{\cancel{3}}{\cancel{5}} = \dfrac{1 \times 1 \times 1}{1 \times 2 \times 1} = \dfrac{1}{2}$

❶ 먼저 약분하고　　　❷ 분모끼리, 분자끼리 한꺼번에 곱해요.

② $\dfrac{\cancel{2}}{5} \times \dfrac{4}{7} \times \dfrac{5}{\cancel{8}_4} =$

③ $\dfrac{3}{4} \times \dfrac{1}{2} \times \dfrac{5}{6} =$

④ $\dfrac{1}{6} \times \dfrac{4}{9} \times \dfrac{2}{3} =$

⑤ $\dfrac{7}{8} \times \dfrac{2}{5} \times \dfrac{4}{7} =$

⑥ $\dfrac{1}{2} \times \dfrac{3}{4} \times \dfrac{8}{9} =$

⑦ $\dfrac{9}{5} \times \dfrac{1}{3} \times \dfrac{5}{8} =$

⑧ $\dfrac{4}{5} \times \dfrac{3}{10} \times \dfrac{7}{2} =$

⑨ $\dfrac{5}{6} \times \dfrac{11}{4} \times \dfrac{2}{3} =$

⑩ $\dfrac{8}{7} \times \dfrac{3}{4} \times \dfrac{14}{9} =$

⑪ $\dfrac{5}{16} \times \dfrac{5}{6} \times \dfrac{3}{2} =$

⑫ $\dfrac{4}{3} \times \dfrac{9}{2} \times \dfrac{5}{9} =$

⑬ $\dfrac{10}{7} \times \dfrac{4}{15} \times \dfrac{6}{5} =$

⑭ $\dfrac{5}{12} \times \dfrac{2}{3} \times \dfrac{3}{10} =$

⑮ $\dfrac{13}{20} \times \dfrac{5}{6} \times \dfrac{2}{13} =$

⑯ $\dfrac{10}{3} \times \dfrac{1}{8} \times \dfrac{9}{4} =$

⑰ $\dfrac{1}{3} \times \dfrac{4}{7} \times \dfrac{3}{5} =$

⑱ $\dfrac{5}{6} \times \dfrac{9}{10} \times \dfrac{1}{2} =$

⑲ $\dfrac{3}{4} \times \dfrac{7}{8} \times \dfrac{2}{9} =$

⑳ $\dfrac{7}{2} \times \dfrac{2}{3} \times \dfrac{9}{14} =$

㉑ $\dfrac{4}{5} \times \dfrac{3}{8} \times \dfrac{3}{10} =$

㉒ $\dfrac{5}{8} \times \dfrac{13}{4} \times \dfrac{6}{5} =$

㉓ $\dfrac{7}{2} \times \dfrac{8}{3} \times \dfrac{9}{4} =$

㉔ $\dfrac{5}{9} \times \dfrac{2}{15} \times \dfrac{9}{8} =$

㉕ $\dfrac{3}{14} \times \dfrac{1}{4} \times \dfrac{7}{9} =$

㉖ $\dfrac{9}{10} \times \dfrac{10}{11} \times \dfrac{11}{12} =$

㉗ $\dfrac{15}{8} \times \dfrac{5}{6} \times \dfrac{8}{5} =$

㉘ $\dfrac{3}{4} \times \dfrac{4}{5} \times \dfrac{5}{2} =$

㉙ $\dfrac{4}{3} \times \dfrac{4}{5} \times \dfrac{9}{20} =$

㉚ $\dfrac{15}{16} \times \dfrac{13}{12} \times \dfrac{8}{13} =$

㉛ $\dfrac{2}{7} \times \dfrac{7}{10} \times \dfrac{5}{14} =$

㉜ $\dfrac{28}{15} \times \dfrac{3}{8} \times \dfrac{3}{7} =$

약분할 수 있는 것은 모두 약분해야 계산이 간단하겠지?

③③ $\dfrac{8}{9} \times \dfrac{9}{10} \times \dfrac{1}{3} =$

③④ $\dfrac{4}{5} \times \dfrac{2}{3} \times \dfrac{3}{4} =$

③⑤ $\dfrac{5}{6} \times \dfrac{4}{5} \times \dfrac{3}{7} =$

③⑥ $\dfrac{1}{5} \times \dfrac{9}{20} \times \dfrac{5}{3} =$

③⑦ $\dfrac{13}{10} \times \dfrac{4}{5} \times \dfrac{25}{39} =$

③⑧ $\dfrac{8}{9} \times \dfrac{7}{24} \times \dfrac{10}{7} =$

③⑨ $\dfrac{5}{3} \times \dfrac{9}{10} \times \dfrac{6}{5} =$

④⓪ $\dfrac{8}{11} \times \dfrac{11}{14} \times \dfrac{21}{4} =$

④① $\dfrac{17}{12} \times \dfrac{36}{35} \times \dfrac{7}{34} =$

④② $\dfrac{7}{18} \times \dfrac{3}{8} \times \dfrac{6}{5} =$

④③ $\dfrac{35}{18} \times \dfrac{18}{31} \times \dfrac{31}{28} =$

④④ $\dfrac{6}{11} \times \dfrac{44}{25} \times \dfrac{50}{9} =$

④⑤ $\dfrac{7}{4} \times \dfrac{9}{7} \times \dfrac{16}{15} =$

④⑥ $\dfrac{27}{14} \times \dfrac{2}{9} \times \dfrac{35}{3} =$

④⑦ $\dfrac{19}{9} \times \dfrac{2}{5} \times \dfrac{35}{19} =$

④⑧ $\dfrac{10}{3} \times \dfrac{8}{45} \times \dfrac{15}{16} =$

곱하는 수의 크기에 따라 **결과가 어떻게 달라지는지 살펴봐!**

여러 가지 수 곱하기

● 빈칸에 알맞은 수를 써 보세요.

분모와 분자를 바꾸어 곱하면 어떻게 될까?

①

×	$\frac{1}{3}$	$\frac{2}{3}$	1	$\frac{4}{3}$	$\frac{5}{3}$	2
$\frac{3}{4}$	$\frac{1}{4}$		$\frac{3}{4}$		$\frac{5}{4}(=1\frac{1}{4})$	

1보다 작은 수를 곱하면 결과는 처음 수보다 작아져요.   1을 곱하면 결과는 처음 수와 같아요.   1보다 큰 수를 곱하면 결과는 처음 수보다 커져요.

②

×	$\frac{1}{5}$	$\frac{2}{5}$	$\frac{3}{5}$	$\frac{4}{5}$	1	$\frac{6}{5}$
$\frac{5}{6}$						

③

×	$\frac{1}{3}$	$\frac{2}{3}$	1	$\frac{4}{3}$	$\frac{5}{3}$	2
$\frac{6}{7}$						

④

×	$\frac{1}{3}$	$\frac{2}{3}$	1	$\frac{4}{3}$	$\frac{5}{3}$	2
$\frac{3}{8}$						

⑤

×	$\frac{1}{7}$	$\frac{2}{7}$	$\frac{3}{7}$	$\frac{4}{7}$	$\frac{5}{7}$	$\frac{6}{7}$
$\frac{7}{10}$						

⑥

×	$\frac{1}{5}$	$\frac{2}{5}$	$\frac{3}{5}$	$\frac{4}{5}$	1	$\frac{6}{5}$
$\frac{5}{12}$						

⑦

×	$\frac{1}{3}$	$\frac{2}{3}$	1	$\frac{4}{3}$	$\frac{5}{3}$	2
$\frac{9}{10}$						

⑧

×	$\frac{1}{7}$	$\frac{2}{7}$	$\frac{3}{7}$	$\frac{4}{7}$	$\frac{5}{7}$	$\frac{6}{7}$
$\frac{14}{15}$						

07 계산하지 않고 크기 비교하기

곱하는 수의 크기만 살펴봐도 알 수 있어.

● 계산하지 않고 크기를 비교하여 ○ 안에 >, =, <를 써 보세요.

① $\frac{3}{5}$ ⟩ $\frac{3}{5} \times \frac{1}{2}$ 1보다 작은 수를 곱하면
처음 수보다 작아져요.

$\frac{3}{5}$ ⟨ $\frac{3}{5} \times \frac{3}{2}$ 1보다 큰 수를 곱하면
처음 수보다 커져요.

② $\frac{5}{6}$ ○ $\frac{5}{6} \times \frac{5}{6}$

$\frac{5}{6}$ ○ $\frac{5}{6} \times \frac{6}{5}$

③ $\frac{7}{8}$ ○ $\frac{7}{8} \times \frac{3}{8}$

$\frac{7}{8}$ ○ $\frac{7}{8} \times \frac{5}{2}$

④ $\frac{11}{9}$ ○ $\frac{11}{9} \times \frac{9}{9}$ $\frac{9}{9}=1$

$\frac{11}{9}$ ○ $\frac{11}{9} \times \frac{5}{4}$

⑤ $\frac{4}{35}$ ○ $\frac{4}{35} \times \frac{7}{4}$

$\frac{4}{35}$ ○ $\frac{4}{35} \times \frac{5}{6}$

⑥ $\frac{9}{22}$ ○ $\frac{9}{22} \times \frac{11}{12}$

$\frac{9}{22}$ ○ $\frac{9}{22} \times \frac{11}{5}$

⑦ $\frac{17}{8}$ ○ $\frac{17}{8} \times \frac{10}{7}$

$\frac{17}{8}$ ○ $\frac{17}{8} \times \frac{8}{9}$

⑧ $\frac{32}{63}$ ○ $\frac{32}{63} \times \frac{9}{16}$

$\frac{32}{63}$ ○ $\frac{32}{63} \times \frac{13}{8}$

⑨ $\frac{15}{28}$ ○ $\frac{15}{28} \times \frac{7}{3}$

$\frac{15}{28}$ ○ $\frac{15}{28} \times \frac{7}{10}$

⑩ $\frac{77}{47}$ ○ $\frac{77}{47} \times \frac{77}{77}$

$\frac{77}{47}$ ○ $\frac{77}{47} \times \frac{47}{44}$

08 묶어서 계산하기

● 곱셈을 해 보세요.

① $\left(\dfrac{3}{4} \times \dfrac{2}{3}\right) \times \dfrac{4}{5} = \dfrac{1}{2} \times \dfrac{4}{5} = \dfrac{2}{5}$

$\dfrac{3}{4} \times \left(\dfrac{2}{3} \times \dfrac{4}{5}\right) = \dfrac{3}{4} \times \dfrac{8}{15} = \dfrac{2}{5}$

괄호 안을 먼저 계산해요.

② $\left(\dfrac{5}{6} \times \dfrac{3}{5}\right) \times \dfrac{8}{9} =$

$\dfrac{5}{6} \times \left(\dfrac{3}{5} \times \dfrac{8}{9}\right) =$

③ $\left(\dfrac{1}{2} \times \dfrac{4}{7}\right) \times \dfrac{2}{3} =$

$\dfrac{1}{2} \times \left(\dfrac{4}{7} \times \dfrac{2}{3}\right) =$

④ $\left(\dfrac{2}{5} \times \dfrac{1}{6}\right) \times \dfrac{5}{8} =$

$\dfrac{2}{5} \times \left(\dfrac{1}{6} \times \dfrac{5}{8}\right) =$

⑤ $\left(\dfrac{5}{6} \times \dfrac{8}{9}\right) \times \dfrac{3}{4} =$

$\dfrac{5}{6} \times \left(\dfrac{8}{9} \times \dfrac{3}{4}\right) =$

⑥ $\left(\dfrac{3}{8} \times \dfrac{3}{4}\right) \times \dfrac{4}{5} =$

$\dfrac{3}{8} \times \left(\dfrac{3}{4} \times \dfrac{4}{5}\right) =$

⑦ $\left(\dfrac{4}{3} \times \dfrac{5}{4}\right) \times \dfrac{7}{6} =$

$\dfrac{4}{3} \times \left(\dfrac{5}{4} \times \dfrac{7}{6}\right) =$

⑧ $\left(\dfrac{7}{12} \times \dfrac{3}{7}\right) \times \dfrac{2}{3} =$

$\dfrac{7}{12} \times \left(\dfrac{3}{7} \times \dfrac{2}{3}\right) =$

⑨ $\left(\dfrac{6}{11} \times \dfrac{11}{14}\right) \times \dfrac{9}{20} =$

$\dfrac{6}{11} \times \left(\dfrac{11}{14} \times \dfrac{9}{20}\right) =$

⑩ $\left(\dfrac{15}{8} \times \dfrac{2}{5}\right) \times \dfrac{16}{9} =$

$\dfrac{15}{8} \times \left(\dfrac{2}{5} \times \dfrac{16}{9}\right) =$

⑪ $\left(\dfrac{2}{9} \times \dfrac{2}{5}\right) \times \dfrac{9}{2} =$

$\dfrac{2}{9} \times \left(\dfrac{2}{5} \times \dfrac{9}{2}\right) =$

⑫ $\left(\dfrac{4}{5} \times \dfrac{7}{8}\right) \times \dfrac{5}{6} =$

$\dfrac{4}{5} \times \left(\dfrac{7}{8} \times \dfrac{5}{6}\right) =$

⑬ $\left(\dfrac{18}{7} \times \dfrac{5}{6}\right) \times \dfrac{3}{5} =$

$\dfrac{18}{7} \times \left(\dfrac{5}{6} \times \dfrac{3}{5}\right) =$

⑭ $\left(\dfrac{2}{3} \times \dfrac{9}{10}\right) \times \dfrac{7}{9} =$

$\dfrac{2}{3} \times \left(\dfrac{9}{10} \times \dfrac{7}{9}\right) =$

⑮ $\left(\dfrac{3}{8} \times \dfrac{4}{5}\right) \times \dfrac{45}{8} =$

$\dfrac{3}{8} \times \left(\dfrac{4}{5} \times \dfrac{45}{8}\right) =$

⑯ $\left(\dfrac{2}{9} \times \dfrac{6}{7}\right) \times \dfrac{6}{5} =$

$\dfrac{2}{9} \times \left(\dfrac{6}{7} \times \dfrac{6}{5}\right) =$

⑰ $\left(\dfrac{3}{4} \times \dfrac{25}{11}\right) \times \dfrac{22}{15} =$

$\dfrac{3}{4} \times \left(\dfrac{25}{11} \times \dfrac{22}{15}\right) =$

⑱ $\left(\dfrac{8}{27} \times \dfrac{9}{32}\right) \times \dfrac{12}{13} =$

$\dfrac{8}{27} \times \left(\dfrac{9}{32} \times \dfrac{12}{13}\right) =$

⑲ $\left(\dfrac{25}{26} \times \dfrac{13}{15}\right) \times \dfrac{3}{5} =$

$\dfrac{25}{26} \times \left(\dfrac{13}{15} \times \dfrac{3}{5}\right) =$

⑳ $\left(\dfrac{39}{50} \times \dfrac{25}{13}\right) \times \dfrac{5}{2} =$

$\dfrac{39}{50} \times \left(\dfrac{25}{13} \times \dfrac{5}{2}\right) =$

약분해서 분모와 분자가 모두 1이 되면?

✕09 1이 되는 곱셈

● 빈칸에 알맞은 수를 써 보세요.

① $\dfrac{\overset{1}{\cancel{3}}}{\underset{1}{\cancel{4}}} \times \dfrac{\overset{1}{\cancel{4}}}{\underset{1}{\cancel{3}}} = \underline{\quad 1 \quad}$

분모와 분자를 바꾼 분수를 곱하면 1이 돼요.

② $\dfrac{5}{8} \times \dfrac{8}{5} = \underline{\quad\quad}$

③ $\dfrac{1}{12} \times \dfrac{12}{1} = \underline{\quad\quad}$

④ $\dfrac{5}{11} \times \dfrac{11}{5} = \underline{\quad\quad}$

⑤ $\dfrac{2}{9} \times \dfrac{9}{2} = \underline{\quad\quad}$

⑥ $\dfrac{3}{20} \times \dfrac{20}{3} = \underline{\quad\quad}$

⑦ $\dfrac{6}{17} \times \dfrac{17}{6} = \underline{\quad\quad}$

⑧ $\dfrac{13}{21} \times \dfrac{21}{13} = \underline{\quad\quad}$

❶ 1이 되기 위해서는 분모, 분자가 모두 약분되어야 해요.

⑨ $\dfrac{7}{4} \times \underline{\quad\quad} = 1$

❷ $\dfrac{7}{4}$의 분모와 분자를 바꾸어 곱해요. $\dfrac{\overset{1}{\cancel{7}}}{\underset{1}{\cancel{4}}} \times \dfrac{\overset{1}{\cancel{4}}}{\underset{1}{\cancel{7}}} = 1$

⑩ $\dfrac{8}{5} \times \underline{\quad\quad} = 1$

⑪ $\dfrac{11}{8} \times \underline{\quad\quad} = 1$

⑫ $\dfrac{12}{7} \times \underline{\quad\quad} = 1$

⑬ $\dfrac{33}{13} \times \underline{\quad\quad} = 1$

⑭ $\dfrac{25}{8} \times \underline{\quad\quad} = 1$

넌 누구니? $\dfrac{6}{7}$ ⤬ $\dfrac{7}{6}$ 난 너의 분수 짝이야.

곱해서 1이 되게 하는 나의 분수 짝!

$\dfrac{6}{7} \times \dfrac{7}{6} = \dfrac{6 \times 7}{7 \times 6} = \dfrac{42}{42} = 1$

10 곱셈식 완성하기

● □ 안에 알맞은 수를 써 보세요.

① $\dfrac{4}{5} \times \dfrac{\boxed{1}}{\boxed{3}} = \dfrac{4}{15}$ ❶4와 곱해서 4가 되는 수는 1이에요.
  ❷5와 곱해서 15가 되는 수는 3이에요.

② $\dfrac{3}{7} \times \dfrac{\boxed{}}{\boxed{}} = \dfrac{9}{28}$

③ $\dfrac{2}{3} \times \dfrac{\boxed{}}{\boxed{}} = \dfrac{14}{15}$

④ $\dfrac{2}{5} \times \dfrac{\boxed{}}{\boxed{}} = \dfrac{4}{25}$

⑤ $\dfrac{7}{8} \times \dfrac{\boxed{}}{\boxed{}} = \dfrac{21}{40}$

⑥ $\dfrac{4}{3} \times \dfrac{\boxed{}}{\boxed{}} = \dfrac{8}{33}$

⑦ $\dfrac{6}{5} \times \dfrac{\boxed{}}{\boxed{}} = \dfrac{24}{35}$

⑧ $\dfrac{5}{7} \times \dfrac{\boxed{}}{\boxed{}} = \dfrac{45}{56}$

⑨ $\dfrac{\boxed{}}{\cancel{3}} \times \dfrac{\cancel{9}^{3}}{2} = 3$ ❶약분이 되는지 살펴봐요.
  ❷□ $\times \dfrac{3}{2} = 3$이므로
  2와 약분되는 수를 생각해 봐요.

⑩ $\dfrac{\boxed{}}{5} \times \dfrac{20}{11} = 4$

⑪ $\dfrac{\boxed{}}{5} \times \dfrac{5}{2} = 2$

⑫ $\dfrac{\boxed{}}{3} \times \dfrac{3}{4} = 2$

⑬ $\dfrac{\boxed{}}{8} \times \dfrac{8}{3} = 3$

⑭ $\dfrac{\boxed{}}{9} \times \dfrac{9}{2} = 5$

⑮ $\dfrac{\boxed{}}{11} \times \dfrac{11}{7} = 2$

⑯ $\dfrac{\boxed{}}{13} \times \dfrac{26}{15} = 2$

대분수의 곱셈

대분수는 가분수로 바꾸어 계산해!

$1\frac{3}{4} = 1 + \frac{3}{4}$,

$1\frac{2}{3} = 1 + \frac{2}{3}$ 니까,

덧셈이 된 분수로 바꾸어 곱해.

$1\frac{3}{4} = \frac{7}{4}$, $1\frac{2}{3} = \frac{5}{3}$

$$1\frac{3}{4} \times 1\frac{2}{3}$$

$$= \frac{7}{4} \times \frac{5}{3}$$

$$= \frac{7 \times 5}{4 \times 3}$$

$$= \frac{35}{12}$$

$$= 2\frac{11}{12}$$

"대분수는 가분수로 바꿔."

"분모는 분모끼리,
 분자는 분자끼리 곱해."

"계산 결과가 가분수이면
 대분수로 바꿔."

세 분수의 곱셈은 한꺼번에 곱하면 편리해.

$$1\frac{2}{7} \times 4\frac{1}{5} \times \frac{5}{6} = \frac{\overset{3}{\cancel{9}}}{\underset{1}{\cancel{7}}} \times \frac{\overset{3}{\cancel{21}}}{\underset{1}{\cancel{5}}} \times \frac{\overset{1}{\cancel{5}}}{\underset{2}{\cancel{6}}} = \frac{9}{2} = 4\frac{1}{2}$$

"약분하면 계산이 간단하지?"

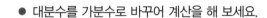

대분수는 그대로 곱할 수 없어. (자연수)+(분수)니까.

01 가분수로 바꾸어 계산하기

● 대분수를 가분수로 바꾸어 계산을 해 보세요.

① $1\dfrac{3}{4} \times \dfrac{1}{4} = \dfrac{7}{4} \times \dfrac{1}{4} = \dfrac{7}{16}$

        ❶ 대분수를 가분수로   ❷ 분모는 분모끼리,
          바꾸어요.   분자는 분자끼리 곱해요.

② $\dfrac{2}{3} \times 1\dfrac{1}{7} = \dfrac{2}{3} \times \underline{\hspace{1.5cm}} = \underline{\hspace{1.5cm}}$

③ $1\dfrac{1}{5} \times \dfrac{2}{5} = \underline{\hspace{1.5cm}} \times \dfrac{2}{5} = \underline{\hspace{1.5cm}}$

④ $\dfrac{1}{8} \times 4\dfrac{1}{2} = \dfrac{1}{8} \times \underline{\hspace{1.5cm}} = \underline{\hspace{1.5cm}}$

⑤ $2\dfrac{1}{3} \times \dfrac{1}{4} = \underline{\hspace{1.5cm}} \times \dfrac{1}{4} = \underline{\hspace{1.5cm}}$

⑥ $\dfrac{1}{6} \times 1\dfrac{1}{4} = \dfrac{1}{6} \times \underline{\hspace{1.5cm}} = \underline{\hspace{1.5cm}}$

⑦ $1\dfrac{4}{9} \times \dfrac{2}{9} = \underline{\hspace{1.5cm}} \times \dfrac{2}{9} = \underline{\hspace{1.5cm}}$

⑧ $\dfrac{2}{5} \times 1\dfrac{2}{7} = \dfrac{2}{5} \times \underline{\hspace{1.5cm}} = \underline{\hspace{1.5cm}}$

⑨ $1\dfrac{1}{2} \times \dfrac{3}{7} = \underline{\hspace{1.5cm}} \times \dfrac{3}{7} = \underline{\hspace{1.5cm}}$

⑩ $\dfrac{3}{8} \times 1\dfrac{2}{5} = \dfrac{3}{8} \times \underline{\hspace{1.5cm}} = \underline{\hspace{1.5cm}}$

⑪ $1\dfrac{3}{4} \times \dfrac{1}{5} = \underline{\hspace{1.5cm}} \times \dfrac{1}{5} = \underline{\hspace{1.5cm}}$

⑫ $\dfrac{2}{7} \times 1\dfrac{2}{3} = \dfrac{2}{7} \times \underline{\hspace{1.5cm}} = \underline{\hspace{1.5cm}}$

⑬ $2\dfrac{1}{5} \times \dfrac{2}{7} = \underline{\hspace{1.5cm}} \times \dfrac{2}{7} = \underline{\hspace{1.5cm}}$

⑭ $\dfrac{5}{8} \times 1\dfrac{1}{8} = \dfrac{5}{8} \times \underline{\hspace{1.5cm}} = \underline{\hspace{1.5cm}}$

⑮ $2\dfrac{2}{3} \times \dfrac{2}{11} = \underline{\hspace{1.5cm}} \times \dfrac{2}{11} = \underline{\hspace{1.5cm}}$

⑯ $\dfrac{5}{13} \times 1\dfrac{3}{7} = \dfrac{5}{13} \times \underline{\hspace{1.5cm}} = \underline{\hspace{1.5cm}}$

⑰ $2\dfrac{1}{5} \times 1\dfrac{1}{3} = \dfrac{11}{5} \times \dfrac{4}{3} = \dfrac{44}{15} = $ _____

결과가 가분수이면 대분수로 바꿀 수 있어요.

⑱ $1\dfrac{1}{2} \times 1\dfrac{1}{2} = $ _____ $\times$ _____ $=$ _____ $=$ _____

⑲ $1\dfrac{1}{4} \times 2\dfrac{1}{2} = $ _____ $\times$ _____ $=$ _____ $=$ _____

⑳ $1\dfrac{2}{5} \times 1\dfrac{3}{4} = $ _____ $\times$ _____ $=$ _____ $=$ _____

㉑ $1\dfrac{1}{10} \times 1\dfrac{4}{5} = $ _____ $\times$ _____ $=$ _____ $=$ _____

㉒ $2\dfrac{1}{3} \times 3\dfrac{1}{2} = $ _____ $\times$ _____ $=$ _____ $=$ _____

㉓ $1\dfrac{1}{6} \times 1\dfrac{3}{8} = $ _____ $\times$ _____ $=$ _____ $=$ _____

㉔ $1\dfrac{4}{9} \times 1\dfrac{1}{3} = $ _____ $\times$ _____ $=$ _____ $=$ _____

대분수는 그대로 곱할 수 없어. (자연수)+(분수)니까.

㉕ $3\dfrac{2}{3} \times 2\dfrac{1}{2} =$ _____ × _____ = _____ = _____

㉖ $1\dfrac{3}{5} \times 1\dfrac{1}{7} =$ _____ × _____ = _____ = _____

㉗ $1\dfrac{1}{14} \times 1\dfrac{1}{2} =$ _____ × _____ = _____ = _____

㉘ $2\dfrac{1}{4} \times 1\dfrac{2}{5} =$ _____ × _____ = _____ = _____

㉙ $2\dfrac{2}{3} \times 2\dfrac{2}{3} =$ _____ × _____ = _____ = _____

㉚ $1\dfrac{1}{4} \times 1\dfrac{1}{12} =$ _____ × _____ = _____ = _____

㉛ $1\dfrac{2}{13} \times 1\dfrac{1}{2} =$ _____ × _____ = _____ = _____

㉜ $1\dfrac{2}{9} \times 1\dfrac{3}{4} =$ _____ × _____ = _____ = _____

약분하여 계산한 뒤 **결과가 가분수이면 대분수로** 바꿀 수도 있어.

02 대분수의 곱셈

● 곱셈을 하여 기약분수 또는 자연수로 나타내 보세요.

②약분한 다음 분모끼리, 분자끼리 곱해요.

① $1\dfrac{2}{3} \times \dfrac{4}{5} = \dfrac{\cancel{5}}{3} \times \dfrac{4}{\cancel{5}} = \dfrac{4}{3} = 1\dfrac{1}{3}$

❶대분수를 가분수로 바꾸어요.   ❸결과가 가분수이면 대분수로 바꿀 수 있어요.

② $\dfrac{7}{9} \times 2\dfrac{1}{4} =$

③ $1\dfrac{1}{2} \times \dfrac{6}{5} =$

④ $\dfrac{6}{7} \times 1\dfrac{2}{5} =$

⑤ $3\dfrac{1}{4} \times \dfrac{5}{13} =$

⑥ $\dfrac{13}{14} \times 1\dfrac{3}{4} =$

⑦ $1\dfrac{4}{15} \times \dfrac{39}{38} =$

⑧ $\dfrac{4}{15} \times 3\dfrac{1}{2} =$

⑨ $2\dfrac{5}{8} \times \dfrac{16}{27} =$

⑩ $\dfrac{35}{33} \times 1\dfrac{1}{21} =$

⑪ $3\dfrac{2}{3} \times \dfrac{9}{22} =$

⑫ $\dfrac{5}{8} \times 5\dfrac{1}{3} =$

⑬ $2\dfrac{1}{2} \times \dfrac{4}{15} =$

⑭ $\dfrac{25}{16} \times 2\dfrac{2}{15} =$

⑮ $3\dfrac{1}{9} \times \dfrac{27}{14}$

⑯ $\dfrac{28}{13} \times 3\dfrac{1}{4} =$

⑰ $1\dfrac{1}{7} \times 1\dfrac{3}{4} =$

⑱ $1\dfrac{1}{14} \times 2\dfrac{1}{3} =$

⑲ $1\dfrac{4}{5} \times 1\dfrac{4}{9} =$

⑳ $2\dfrac{1}{6} \times 4\dfrac{1}{2} =$

㉑ $2\dfrac{6}{7} \times 2\dfrac{1}{3} =$

㉒ $1\dfrac{5}{16} \times 1\dfrac{3}{5} =$

㉓ $2\dfrac{1}{12} \times 1\dfrac{1}{15} =$

㉔ $1\dfrac{7}{23} \times 1\dfrac{9}{14} =$

㉕ $1\dfrac{1}{15} \times 3\dfrac{3}{4} =$

㉖ $1\dfrac{3}{10} \times 1\dfrac{1}{13} =$

㉗ $1\dfrac{1}{11} \times 1\dfrac{1}{12} =$

㉘ $2\dfrac{2}{5} \times 3\dfrac{1}{2} =$

대분수를 가분수로 고쳐서 계산하는 이유

$$2\dfrac{1}{5} \times 1\dfrac{1}{3}$$

↓

$$\left(2+\dfrac{1}{5}\right) \times \left(1+\dfrac{1}{3}\right)$$

↓

$$\dfrac{11}{5} \times \dfrac{4}{3}$$

대분수에는 덧셈이 들어 있으니까 그대로 곱할 수 없어.

㉙ $3\dfrac{1}{7} \times 1\dfrac{3}{11} =$

㉚ $2\dfrac{1}{17} \times 1\dfrac{9}{25} =$

㉛ $\dfrac{3}{5} \times 1\dfrac{5}{9} =$

㉜ $2\dfrac{5}{8} \times 1\dfrac{1}{15} =$

㉝ $\dfrac{3}{8} \times 1\dfrac{5}{6} =$

㉞ $1\dfrac{1}{9} \times 1\dfrac{3}{5} =$

㉟ $\dfrac{5}{2} \times 2\dfrac{2}{3} =$

㊱ $3\dfrac{2}{3} \times \dfrac{17}{22} =$

㊲ $1\dfrac{4}{5} \times 1\dfrac{7}{8} =$

㊳ $2\dfrac{2}{9} \times 3\dfrac{3}{5} =$

㊴ $2\dfrac{2}{3} \times 1\dfrac{5}{12} =$

㊵ $1\dfrac{1}{8} \times 1\dfrac{1}{27} =$

㊶ $1\dfrac{2}{7} \times \dfrac{5}{12} =$

㊷ $\dfrac{6}{7} \times 5\dfrac{3}{5} =$

㊸ $2\dfrac{1}{10} \times 5\dfrac{1}{3} =$

㊹ $1\dfrac{1}{15} \times 1\dfrac{1}{12} =$

㊺ $\dfrac{20}{13} \times 3\dfrac{5}{7} =$

㊻ $2\dfrac{4}{9} \times 1\dfrac{10}{11} =$

03 세 분수의 곱셈

● 곱셈을 하여 기약분수 또는 자연수로 나타내 보세요.

① $1\dfrac{3}{7} \times \dfrac{5}{8} \times \dfrac{3}{5} = \dfrac{\overset{5}{\cancel{10}}}{7} \times \dfrac{\overset{1}{\cancel{5}}}{\underset{4}{\cancel{8}}} \times \dfrac{3}{\underset{1}{\cancel{5}}} = \dfrac{15}{28}$

❶ 대분수를 가분수로 바꾸어요.
❷ 한꺼번에 약분하여 곱해요.

② $\dfrac{5}{8} \times \dfrac{4}{9} \times 2\dfrac{1}{10} =$

③ $\dfrac{1}{2} \times 1\dfrac{2}{5} \times \dfrac{2}{3} =$

④ $1\dfrac{3}{4} \times \dfrac{4}{5} \times \dfrac{2}{9} =$

⑤ $\dfrac{5}{6} \times \dfrac{1}{3} \times 1\dfrac{1}{7} =$

⑥ $\dfrac{5}{8} \times 3\dfrac{1}{3} \times \dfrac{1}{2} =$

⑦ $1\dfrac{1}{4} \times 1\dfrac{1}{2} \times \dfrac{3}{5} =$

⑧ $\dfrac{4}{7} \times 1\dfrac{1}{3} \times 1\dfrac{3}{4} =$

⑨ $\dfrac{8}{9} \times 4\dfrac{1}{5} \times \dfrac{6}{7} =$

⑩ $1\dfrac{4}{5} \times 2\dfrac{1}{6} \times \dfrac{2}{3} =$

⑪ $3\dfrac{1}{2} \times \dfrac{7}{8} \times \dfrac{4}{7} =$

⑫ $\dfrac{5}{12} \times 5\dfrac{1}{3} \times \dfrac{3}{5} =$

⑬ $\dfrac{3}{4} \times 2\dfrac{2}{5} \times 1\dfrac{1}{4} =$

⑭ $\dfrac{5}{6} \times \dfrac{4}{5} \times 1\dfrac{2}{7} =$

⑮ $2\dfrac{1}{4} \times 1\dfrac{2}{5} \times 1\dfrac{1}{9} =$

⑯ $3\dfrac{1}{3} \times 1\dfrac{3}{4} \times 2\dfrac{1}{7} =$

⑰ $3\dfrac{1}{3} \times \dfrac{3}{5} \times \dfrac{1}{4} =$

⑱ $\dfrac{4}{7} \times 1\dfrac{2}{5} \times \dfrac{2}{3} =$

⑲ $\dfrac{8}{9} \times \dfrac{3}{4} \times 1\dfrac{1}{8} =$

⑳ $1\dfrac{1}{5} \times \dfrac{5}{8} \times 1\dfrac{1}{3} =$

㉑ $\dfrac{5}{6} \times 3\dfrac{1}{2} \times 1\dfrac{3}{7} =$

㉒ $1\dfrac{7}{8} \times \dfrac{2}{3} \times 1\dfrac{3}{4} =$

㉓ $3\dfrac{1}{5} \times \dfrac{3}{10} \times 2\dfrac{1}{3} =$

㉔ $\dfrac{6}{7} \times 3\dfrac{3}{5} \times \dfrac{5}{6} =$

㉕ $1\dfrac{1}{7} \times 1\dfrac{1}{2} \times 1\dfrac{1}{4} =$

㉖ $2\dfrac{2}{9} \times 1\dfrac{1}{6} \times \dfrac{4}{7} =$

㉗ $\dfrac{5}{8} \times 3\dfrac{2}{3} \times \dfrac{9}{10} =$

㉘ $\dfrac{4}{5} \times \dfrac{5}{12} \times 1\dfrac{4}{5} =$

㉙ $1\dfrac{1}{9} \times \dfrac{1}{6} \times \dfrac{3}{4} =$

㉚ $2\dfrac{2}{3} \times 1\dfrac{5}{8} \times 1\dfrac{2}{7} =$

㉛ $1\dfrac{1}{5} \times 2\dfrac{4}{9} \times 3\dfrac{3}{8} =$

㉜ $1\dfrac{1}{5} \times 2\dfrac{1}{2} \times 2\dfrac{6}{7} =$

약분되는 것은 *한꺼번에* 약분해서 계산하면 편리해!

㉝ $\dfrac{3}{5} \times 1\dfrac{2}{3} \times \dfrac{1}{4} =$

㉞ $4\dfrac{1}{2} \times \dfrac{5}{6} \times \dfrac{4}{9} =$

㉟ $2\dfrac{1}{5} \times 1\dfrac{3}{11} \times \dfrac{4}{7} =$

㊱ $2\dfrac{1}{10} \times \dfrac{5}{8} \times 2\dfrac{2}{3} =$

㊲ $1\dfrac{1}{8} \times \dfrac{4}{15} \times 2\dfrac{3}{4} =$

㊳ $\dfrac{4}{9} \times 4\dfrac{1}{2} \times 4\dfrac{5}{7} =$

㊴ $\dfrac{5}{7} \times 1\dfrac{1}{12} \times \dfrac{14}{13} =$

㊵ $3\dfrac{3}{5} \times 1\dfrac{1}{4} \times \dfrac{6}{7} =$

㊶ $3\dfrac{1}{2} \times \dfrac{4}{9} \times 1\dfrac{3}{7} =$

㊷ $\dfrac{7}{12} \times 1\dfrac{3}{5} \times 2\dfrac{1}{2} =$

㊸ $\dfrac{5}{12} \times 8 \times 1\dfrac{1}{4} =$

㊹ $2\dfrac{3}{5} \times 2\dfrac{1}{4} \times 1\dfrac{1}{3} =$

㊺ $3 \times 2\dfrac{2}{3} \times 1\dfrac{2}{9} =$

㊻ $1\dfrac{5}{6} \times 2\dfrac{1}{4} \times 4 =$

㊼ $4\dfrac{2}{3} \times 1\dfrac{5}{7} \times \dfrac{5}{8} =$

㊽ $2\dfrac{2}{3} \times 2\dfrac{1}{4} \times 1\dfrac{5}{6} =$

곱하는 수에 따라 **결과가 어떻게 달라지는지** 살펴봐.

04 두 가지 수 곱하기

● 곱셈을 해 보세요.

① $1\dfrac{3}{7} \times \dfrac{3}{5} = \dfrac{\overset{2}{\cancel{10}}}{7} \times \dfrac{3}{\underset{1}{\cancel{5}}} = \dfrac{6}{7}$

    곱하는 수가 1 만큼 커지면 곱은 $1\dfrac{3}{7}$ 만큼 커져요.

    $1\dfrac{3}{7} \times 1\dfrac{3}{5} = \dfrac{\overset{2}{\cancel{10}}}{7} \times \dfrac{8}{\underset{1}{\cancel{5}}} = \dfrac{16}{7} = 2\dfrac{2}{7}$

② $\dfrac{2}{3} \times 2\dfrac{2}{3} =$

    $1\dfrac{2}{3} \times 2\dfrac{2}{3} =$

③ $2\dfrac{2}{3} \times \dfrac{1}{2} =$

    $2\dfrac{2}{3} \times 1\dfrac{1}{2} =$

④ $\dfrac{3}{4} \times 1\dfrac{3}{5} =$

    $1\dfrac{3}{4} \times 1\dfrac{3}{5} =$

⑤ $1\dfrac{1}{5} \times \dfrac{2}{3} =$

    $1\dfrac{1}{5} \times 1\dfrac{2}{3} =$

⑥ $\dfrac{1}{4} \times 1\dfrac{1}{3} =$

    $1\dfrac{1}{4} \times 1\dfrac{1}{3} =$

⑦ $\dfrac{4}{9} \times 1\dfrac{1}{4} =$

    $\dfrac{4}{9} \times 2\dfrac{1}{4} =$

⑧ $3\dfrac{3}{4} \times \dfrac{4}{5} =$

    $4\dfrac{3}{4} \times \dfrac{4}{5} =$

⑨ $2\dfrac{1}{2} \times 1\dfrac{3}{5} =$

    $2\dfrac{1}{2} \times 2\dfrac{3}{5} =$

⑩ $1\dfrac{5}{9} \times 1\dfrac{2}{7} =$

    $2\dfrac{5}{9} \times 1\dfrac{2}{7} =$

⑪ $1\dfrac{1}{8} \times \dfrac{2}{9} =$

$1\dfrac{1}{8} \times 1\dfrac{2}{9} =$

⑫ $1\dfrac{1}{4} \times \dfrac{2}{3} =$

$2\dfrac{1}{4} \times \dfrac{2}{3} =$

⑬ $1\dfrac{6}{7} \times \dfrac{1}{13} =$

$1\dfrac{6}{7} \times 1\dfrac{1}{13} =$

⑭ $\dfrac{5}{9} \times 1\dfrac{1}{8} =$

$1\dfrac{5}{9} \times 1\dfrac{1}{8} =$

⑮ $\dfrac{1}{4} \times 1\dfrac{1}{2} =$

$\dfrac{1}{4} \times 2\dfrac{1}{2} =$

⑯ $\dfrac{2}{11} \times 2\dfrac{3}{4} =$

$1\dfrac{2}{11} \times 2\dfrac{3}{4} =$

⑰ $1\dfrac{1}{3} \times \dfrac{1}{2} =$

$1\dfrac{1}{3} \times 1\dfrac{1}{2} =$

⑱ $\dfrac{1}{5} \times 1\dfrac{1}{2} =$

$1\dfrac{1}{5} \times 1\dfrac{1}{2} =$

⑲ $1\dfrac{1}{6} \times 1\dfrac{1}{4} =$

$1\dfrac{1}{6} \times 2\dfrac{1}{4} =$

⑳ $1\dfrac{1}{17} \times \dfrac{17}{18} =$

$2\dfrac{1}{17} \times \dfrac{17}{18} =$

곱하는 수의 크기만 살펴봐도 알 수 있어.

05 계산하지 않고 크기 비교하기

● 계산하지 않고 크기를 비교하여 ○ 안에 >, =, <를 써 보세요.

① $1\dfrac{1}{3}$ ⟩ $1\dfrac{1}{3} \times \dfrac{1}{3}$ 1보다 작은 수를 곱하면 처음 수보다 작아져요.

    $1\dfrac{1}{3}$ ⟨ $1\dfrac{1}{3} \times \dfrac{4}{3}$ 1보다 큰 수를 곱하면 처음 수보다 커져요.

② $2\dfrac{1}{2}$ ◯ $2\dfrac{1}{2} \times 1\dfrac{1}{5}$

    $2\dfrac{1}{2}$ ◯ $2\dfrac{1}{2} \times \dfrac{4}{5}$

③ $1\dfrac{2}{7}$ ◯ $1\dfrac{2}{7} \times \dfrac{4}{9}$

    $1\dfrac{2}{7}$ ◯ $1\dfrac{2}{7} \times \dfrac{8}{9}$

④ $2\dfrac{3}{4}$ ◯ $2\dfrac{3}{4} \times \dfrac{5}{6}$

    $2\dfrac{3}{4}$ ◯ $2\dfrac{3}{4} \times 1\dfrac{5}{6}$

⑤ $1\dfrac{3}{5}$ ◯ $1\dfrac{3}{5} \times \dfrac{7}{8}$

    $1\dfrac{3}{5}$ ◯ $1\dfrac{3}{5} \times \dfrac{8}{8}$

⑥ $4\dfrac{1}{5}$ ◯ $4\dfrac{1}{5} \times 2\dfrac{2}{5}$

    $4\dfrac{1}{5}$ ◯ $4\dfrac{1}{5} \times \dfrac{10}{11}$

⑦ $1\dfrac{1}{12}$ ◯ $1\dfrac{1}{12} \times \dfrac{4}{13}$

    $1\dfrac{1}{12}$ ◯ $1\dfrac{1}{12} \times 1\dfrac{1}{2}$

⑧ $1\dfrac{9}{10}$ ◯ $1\dfrac{9}{10} \times \dfrac{5}{7}$

    $1\dfrac{9}{10}$ ◯ $1\dfrac{9}{10} \times 1\dfrac{2}{3}$

⑨ $3\dfrac{5}{6}$ ◯ $3\dfrac{5}{6} \times 1\dfrac{5}{6}$

    $3\dfrac{5}{6}$ ◯ $3\dfrac{5}{6} \times \dfrac{2}{15}$

⑩ $2\dfrac{3}{8}$ ◯ $2\dfrac{3}{8} \times \dfrac{12}{12}$

    $2\dfrac{3}{8}$ ◯ $2\dfrac{3}{8} \times \dfrac{8}{13}$

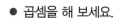

곱셈의 성질

06 곱해서 더해 보기

세 곱셈식은 +로 연결되어 있어.

● 곱셈을 해 보세요.

① $\dfrac{2}{5} \times 1 = \dfrac{2}{5}$

$\dfrac{2}{5} \times \dfrac{1}{2} = \dfrac{1}{5}$ ⊕

$\dfrac{2}{5} \times 1\dfrac{1}{2} = \dfrac{3}{5}$

② $\dfrac{3}{7} \times 1 =$

$\dfrac{3}{7} \times \dfrac{2}{3} =$

$\dfrac{3}{7} \times 1\dfrac{2}{3} =$

③ $\dfrac{2}{3} \times 1 =$

$\dfrac{2}{3} \times \dfrac{1}{2} =$

$\dfrac{2}{3} \times 1\dfrac{1}{2} =$

④ $\dfrac{5}{12} \times 1 =$

$\dfrac{5}{12} \times \dfrac{2}{5} =$

$\dfrac{5}{12} \times 1\dfrac{2}{5} =$

⑤ $2\dfrac{2}{5} \times 1 =$

$2\dfrac{2}{5} \times \dfrac{1}{3} =$

$2\dfrac{2}{5} \times 1\dfrac{1}{3} =$

⑥ $1\dfrac{5}{9} \times 1 =$

$1\dfrac{5}{9} \times \dfrac{2}{7} =$

$1\dfrac{5}{9} \times 1\dfrac{2}{7} =$

72

⑦

$$1 \times \frac{4}{9} =$$

$$\frac{1}{4} \times \frac{4}{9} =$$

$$1\frac{1}{4} \times \frac{4}{9} =$$

⑧

$$1 \times \frac{3}{5} =$$

$$\frac{1}{3} \times \frac{3}{5} =$$

$$1\frac{1}{3} \times \frac{3}{5} =$$

⑨

$$1 \times \frac{6}{7} =$$

$$\frac{1}{2} \times \frac{6}{7} =$$

$$1\frac{1}{2} \times \frac{6}{7} =$$

⑩

$$1 \times \frac{3}{8} =$$

$$\frac{2}{3} \times \frac{3}{8} =$$

$$1\frac{2}{3} \times \frac{3}{8} =$$

⑪

$$1 \times 1\frac{3}{4} =$$

$$\frac{1}{7} \times 1\frac{3}{4} =$$

$$1\frac{1}{7} \times 1\frac{3}{4} =$$

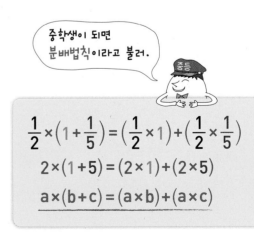

중학생이 되면
분배법칙이라고 불러.

$$\frac{1}{2} \times \left(1 + \frac{1}{5}\right) = \left(\frac{1}{2} \times 1\right) + \left(\frac{1}{2} \times \frac{1}{5}\right)$$

$$2 \times (1+5) = (2 \times 1) + (2 \times 5)$$

$$a \times (b+c) = (a \times b) + (a \times c)$$

곱셈의 결과가 1이 되려면 **분자와 분모가 모두 약분**되어야 해.

×07 1이 되는 곱셈

● □ 안에 알맞은 수를 써 보세요.

① $1\frac{1}{5} \times \dfrac{\boxed{5}}{6} = 1$

     ❶ $1\frac{1}{5} = \frac{6}{5}$ **❷** $\frac{\overset{1}{\cancel{6}}}{5} \times \frac{\square}{\underset{1}{\cancel{6}}} = 1$ → 5와 약분해서 1이 되는 수는 5예요.

② $2\frac{2}{3} \times \dfrac{\square}{8} = 1$

③ $2\frac{1}{4} \times \dfrac{\square}{9} = 1$

④ $1\frac{3}{7} \times \dfrac{\square}{10} = 1$

⑤ $1\frac{3}{5} \times \dfrac{5}{\square} = 1$

⑥ $1\frac{5}{6} \times \dfrac{6}{\square} = 1$

⑦ $3\frac{1}{3} \times \dfrac{3}{\square} = 1$

⑧ $2\frac{1}{8} \times \dfrac{8}{\square} = 1$

⑨ $1\frac{3}{13} \times \dfrac{\square}{\square} = 1$

⑩ $1\frac{4}{21} \times \dfrac{\square}{\square} = 1$

⑪ $4\frac{2}{5} \times \dfrac{\square}{\square} = 1$

⑫ $1\frac{6}{35} \times \dfrac{\square}{\square} = 1$

⑬ $1\frac{7}{8} \times \dfrac{\square}{\square} = 1$

⑭ $5\frac{2}{3} \times \dfrac{\square}{\square} = 1$

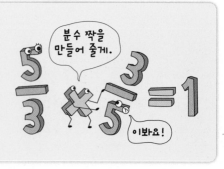

08 곱셈식 완성하기

약분을 생각하여 어떤 수를 곱해야 할지 찾아봐.

● □ 안에 알맞은 수를 써 보세요.

① $1\frac{1}{2} \times \dfrac{\square}{3} = 2$

❶ $1\frac{1}{2} = \frac{3}{2}$ ❷ $\frac{3}{2} \times \frac{\square}{3} = 2 \rightarrow 2$와 약분해서 2가 되는 수는 4예요.

② $2\frac{1}{3} \times \dfrac{\square}{7} = 2$

③ $1\frac{1}{4} \times \dfrac{\square}{5} = 3$

④ $1\frac{3}{5} \times \dfrac{\square}{8} = 3$

⑤ $1\frac{2}{5} \times \dfrac{5}{\square} = \dfrac{1}{2}$

⑥ $2\frac{1}{2} \times \dfrac{2}{\square} = \dfrac{1}{3}$

⑦ $1\frac{3}{7} \times \dfrac{7}{\square} = \dfrac{1}{2}$

⑧ $2\frac{3}{4} \times \dfrac{4}{\square} = \dfrac{1}{3}$

⑨ $1\frac{3}{4} \times \dfrac{\square}{\square} = 3$

⑩ $3\frac{2}{3} \times \dfrac{\square}{\square} = 2$

⑪ $2\frac{1}{4} \times \dfrac{\square}{\square} = 2$

⑫ $1\frac{3}{10} \times \dfrac{\square}{\square} = 3$

⑬ $4\frac{1}{3} \times \dfrac{\square}{\square} = \dfrac{1}{2}$

⑭ $3\frac{1}{2} \times \dfrac{\square}{\square} = \dfrac{1}{3}$

⑮ $1\frac{1}{7} \times \dfrac{\square}{\square} = \dfrac{1}{2}$

⑯ $1\frac{2}{11} \times \dfrac{\square}{\square} = \dfrac{1}{3}$

N5 분수와 소수

분모가 10, 100, 1000인 분수를 만들어야 해!

● 분수를 소수로 나타내기   ● 소수를 분수로 나타내기

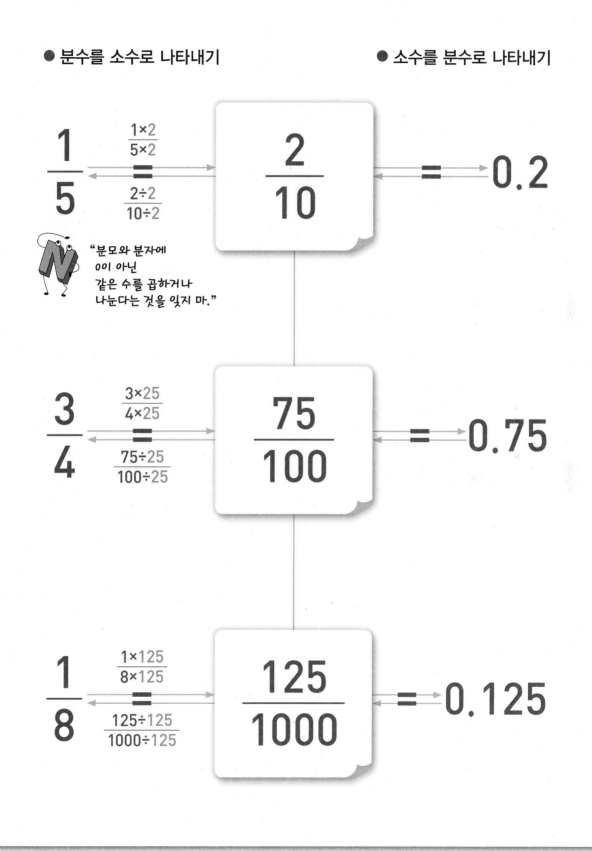

$\dfrac{1}{5}$ $\dfrac{1\times2}{5\times2}$ = $\dfrac{2\div2}{10\div2}$ $\dfrac{2}{10}$ = 0.2

"분모와 분자에 0이 아닌 같은 수를 곱하거나 나눈다는 것을 잊지 마."

$\dfrac{3}{4}$ $\dfrac{3\times25}{4\times25}$ = $\dfrac{75\div25}{100\div25}$ $\dfrac{75}{100}$ = 0.75

$\dfrac{1}{8}$ $\dfrac{1\times125}{8\times125}$ = $\dfrac{125\div125}{1000\div125}$ $\dfrac{125}{1000}$ = 0.125

N 01 분수와 소수로 나타내기

먼저 한 칸이 전체의 얼마인지 생각해 봐!

● 색칠한 부분을 분수와 소수로 나타내 보세요.

①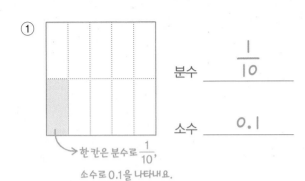

분수 $\dfrac{1}{10}$

소수 0.1

→ 한 칸은 분수로 $\dfrac{1}{10}$,
소수로 0.1을 나타내요.

②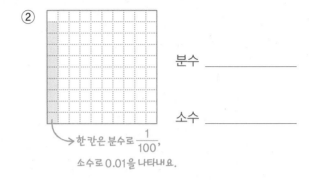

분수 _____

소수 _____

→ 한 칸은 분수로 $\dfrac{1}{100}$,
소수로 0.01을 나타내요.

③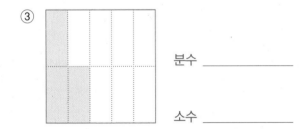

분수 _____

소수 _____

④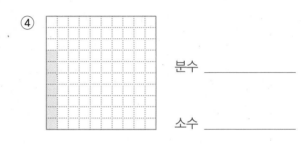

분수 _____

소수 _____

⑤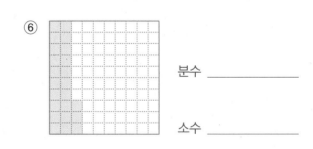

분수 _____

소수 _____

⑥

분수 _____

소수 _____

⑦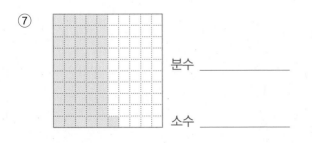

분수 _____

소수 _____

⑧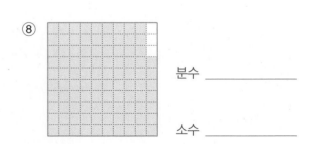

분수 _____

소수 _____

⑨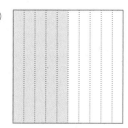

분수 _____

소수 _____

⑩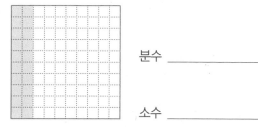

분수 _____

소수 _____

⑪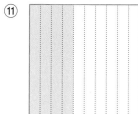

분수 _____

소수 _____

⑫

분수 _____

소수 _____

⑬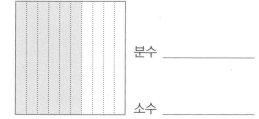

분수 _____

소수 _____

⑭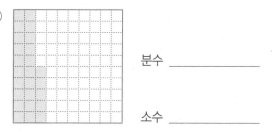

분수 _____

소수 _____

⑮

분수 _____

소수 _____

⑯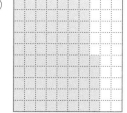

분수 _____

소수 _____

분모, 분자에 같은 수를 곱해야 크기가 달라지지 않아!

분수를 소수로 나타내는 방법 익히기

● 분모가 10, 100, 1000인 분수로 고치고 소수로 나타내 보세요.

① $\dfrac{4}{5} = \dfrac{\boxed{8}}{10} =$ ___0.8___
분모가 10이므로
소수 한 자리 수로 나타내요.

② $\dfrac{3}{4} = \dfrac{\boxed{}}{100} =$ _____
분모가 100이므로
소수 두 자리 수로 나타내요.

③ $\dfrac{1}{2} = \dfrac{\boxed{}}{10} =$ _____

④ $\dfrac{7}{20} = \dfrac{\boxed{}}{100} =$ _____

⑤ $\dfrac{111}{200} = \dfrac{\boxed{}}{1000} =$ _____

⑥ $\dfrac{3}{5} = \dfrac{\boxed{}}{10} =$ _____

⑦ $\dfrac{1}{5} = \dfrac{\boxed{}}{\boxed{}} =$ _____

⑧ $\dfrac{2}{25} = \dfrac{\boxed{}}{\boxed{}} =$ _____

⑨ $\dfrac{13}{20} = \dfrac{\boxed{}}{\boxed{}} =$ _____

⑩ $\dfrac{9}{50} = \dfrac{\boxed{}}{\boxed{}} =$ _____

⑪ $\dfrac{1}{4} = \dfrac{\boxed{}}{\boxed{}} =$ _____

⑫ $\dfrac{5}{8} = \dfrac{\boxed{}}{\boxed{}} =$ _____

⑬ $\dfrac{2}{125} = \dfrac{\boxed{}}{\boxed{}} =$ _____

⑭ $\dfrac{13}{5} = \dfrac{\boxed{}}{\boxed{}} =$ _____

자연수 부분은 그대로 두고 분모와 분자만 고쳐요.

⑮ $3\dfrac{2}{5}=3\dfrac{\boxed{}}{10}=$ _____

⑯ $2\dfrac{1}{50}=2\dfrac{\boxed{}}{100}=$ _____

⑰ $1\dfrac{1}{5}=1\dfrac{\boxed{}}{10}=$ _____

⑱ $1\dfrac{1}{4}=1\dfrac{\boxed{}}{100}=$ _____

⑲ $2\dfrac{9}{20}=2\dfrac{\boxed{}}{100}=$ _____

⑳ $3\dfrac{8}{25}=3\dfrac{\boxed{}}{100}=$ _____

㉑ $1\dfrac{1}{2}=1\dfrac{\boxed{}}{\boxed{}}=$ _____

㉒ $2\dfrac{3}{4}=2\dfrac{\boxed{}}{\boxed{}}=$ _____

㉓ $1\dfrac{23}{50}=1\dfrac{\boxed{}}{\boxed{}}=$ _____

㉔ $3\dfrac{3}{5}=3\dfrac{\boxed{}}{\boxed{}}=$ _____

㉕ $2\dfrac{6}{125}=2\dfrac{\boxed{}}{\boxed{}}=$ _____

㉖ $1\dfrac{7}{8}=1\dfrac{\boxed{}}{\boxed{}}=$ _____

㉗ $1\dfrac{4}{25}=1\dfrac{\boxed{}}{\boxed{}}=$ _____

㉘ $1\dfrac{9}{40}=1\dfrac{\boxed{}}{\boxed{}}=$ _____

N03 **수의 원리** 분수를 소수로 나타내기

● 분수를 소수로 나타내 보세요.

① ❶ 분모가 10이 되도록 분모와 분자에 각각 2를 곱해요.
$$\frac{1}{5} = \frac{1 \times 2}{5 \times 2} = \frac{2}{10} = 0.2$$
❷ 분모가 10인 분수는
소수 한 자리 수로 나타내요.

② $$\frac{1}{25} = \frac{1 \times 4}{25 \times 4} = \frac{4}{100} = $$

③ $$\frac{1}{8} = $$

④ $$\frac{1}{50} = $$

⑤ $$\frac{1}{20} = $$

⑥ $$\frac{1}{40} = $$

⑦ $$\frac{1}{125} = $$

⑧ $$\frac{1}{250} = $$

⑨ $$\frac{1}{500} = $$

⑩ $$\frac{1}{200} = $$

⑪ $$\frac{1}{1000} = $$

⑫ $$\frac{1}{10000} = $$

⑬ $$\frac{2}{5} = $$

⑭ $$\frac{3}{4} = $$

⑮ $$\frac{7}{50} = $$

⑯ $$\frac{9}{40} = $$

⑰ $$\frac{13}{100} = $$

⑱ $$\frac{3}{125} = $$

⑲ $\dfrac{1}{2} =$

⑳ $\dfrac{1}{4} =$

㉑ $\dfrac{4}{5} =$

㉒ $\dfrac{3}{8} =$

㉓ $\dfrac{7}{20} =$

㉔ $\dfrac{4}{25} =$

㉕ $\dfrac{9}{50} =$

㉖ $\dfrac{7}{8} =$

㉗ $\dfrac{7}{25} =$

㉘ $\dfrac{11}{20} =$

㉙ $\dfrac{5}{8} =$

㉚ $\dfrac{3}{500} =$

㉛ $\dfrac{8}{125} =$

㉜ $\dfrac{41}{250} =$

㉝ $\dfrac{13}{40} =$

㉞ $\dfrac{22}{25} =$

㉟ $\dfrac{101}{200} =$

㊱ $\dfrac{17}{20} =$

먼저 분모를 10, 100, 1000으로 만들어 봐!

㊲ $\frac{7}{4}=$

㊳ $\frac{8}{5}=$

㊴ $\frac{9}{2}=$

㊵ $\frac{67}{50}=$

㊶ $1\frac{1}{2}=$

㊷ $1\frac{1}{50}=$

㊸ $4\frac{3}{20}=$

㊹ $4\frac{9}{25}=$

㊺ $5\frac{4}{5}=$

㊻ $1\frac{3}{8}=$

㊼ $1\frac{1}{4}=$

㊽ $2\frac{5}{8}=$

㊾ $2\frac{31}{40}=$

㊿ $1\frac{11}{125}=$

(51) $3\frac{12}{25}=$

(52) $1\frac{23}{250}=$

때로는 분수로 나타내는 것이 더 정확해.

$\frac{2}{3}=0.66666\cdots$

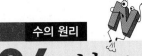

분모에 따라 소수의 자릿수가 어떻게 달라지는지 살펴봐!

04 분모가 달라지는 분수를 소수로 나타내기

● 분수를 소수로 나타내 보세요.

① $\dfrac{1}{10} = 0.1$

$\dfrac{1}{100} = 0.01$

소수의 자릿수가
한 자리씩 늘어나요.

$\dfrac{1}{1000} = 0.001$

분모가 10배씩 커지면

② $\dfrac{1}{5} =$

$\dfrac{1}{50} =$

$\dfrac{1}{500} =$

③ $\dfrac{1}{2} =$

$\dfrac{1}{20} =$

$\dfrac{1}{200} =$

④ $\dfrac{3}{5} =$

$\dfrac{3}{50} =$

$\dfrac{3}{500} =$

⑤ $\dfrac{1}{4} =$

$\dfrac{1}{40} =$

$\dfrac{1}{400} =$

⑥ $\dfrac{2}{5} =$

$\dfrac{2}{50} =$

$\dfrac{2}{500} =$

⑦ $\dfrac{11}{10} =$

$\dfrac{11}{100} =$

$\dfrac{11}{1000} =$

⑧ $\dfrac{2}{25} =$

$\dfrac{2}{250} =$

$\dfrac{2}{2500} =$

⑨ $\dfrac{6}{5} =$

$\dfrac{6}{50} =$

$\dfrac{6}{500} =$

⑩ $\dfrac{3}{2} =$

$\dfrac{3}{20} =$

$\dfrac{3}{200} =$

⑪ $\dfrac{9}{5} =$

$\dfrac{9}{50} =$

$\dfrac{9}{500} =$

⑫ $\dfrac{7}{4} =$

$\dfrac{7}{40} =$

$\dfrac{7}{400} =$

⑬ $5\dfrac{9}{10} =$

$5\dfrac{9}{100} =$

$5\dfrac{9}{1000} =$

⑭ $1\dfrac{3}{4} =$

$1\dfrac{3}{40} =$

$1\dfrac{3}{400} =$

⑮ $2\dfrac{1}{25} =$

$2\dfrac{1}{250} =$

$2\dfrac{1}{2500} =$

⑯ $4\dfrac{1}{2} =$

$4\dfrac{1}{20} =$

$4\dfrac{1}{200} =$

⑰ $1\dfrac{4}{5} =$

$1\dfrac{4}{50} =$

$1\dfrac{4}{500} =$

⑱ $3\dfrac{1}{4} =$

$3\dfrac{1}{40} =$

$3\dfrac{1}{400} =$

N 05 소수를 분수로 나타내기

소수의 자릿수가 분모의 '0'의 개수가 돼.

● 소수를 분수로 나타내 보세요.

① $0.1 = \dfrac{1}{10}$

소수 한 자리 수는 분모가 10인
분수로 나타낼 수 있어요.

② $0.3 =$

③ $0.01 =$

④ $0.67 =$

⑤ $0.41 =$

⑥ $0.173 =$

⑦ $0.17 =$

⑧ $0.93 =$

⑨ $0.39 =$

⑩ $0.111 =$

⑪ $0.051 =$

⑫ $1.47 =$

⑬ $2.003 =$

⑭ $1.09 =$

⑮ $4.201 =$

⑯ $0.0001 =$

먼저 소수를 분모가 10, 100, 1000인 분수로 나타내!

06 소수를 기약분수로 나타내기

● 소수를 기약분수로 나타내 보세요.

❷ 약분해서 기약분수로 나타내요.

① $0.2 = \dfrac{\overset{1}{\cancel{2}}}{\underset{5}{\cancel{10}}} = \dfrac{1}{5}$

❶ 소수 한 자리 수는 분모가 10인 분수로 나타내요.

② $0.125 =$

③ $0.25 =$

④ $0.5 =$

⑤ $0.05 =$

⑥ $0.04 =$

⑦ $0.025 =$

⑧ $0.008 =$

⑨ $0.02 =$

⑩ $0.002 =$

⑪ $0.005 =$

⑫ $0.004 =$

⑬ $0.4 =$

⑭ $0.18 =$

⑮ $0.75 =$

⑯ $0.24 =$

⑰ 0.15 =

⑱ 0.875 =

⑲ 0.325 =

⑳ 0.045 =

㉑ 1.4 =

㉒ 2.5 =

㉓ 3.05 =

㉔ 6.75 =

㉕ 1.004 =

㉖ 3.55 =

㉗ 3.42 =

㉘ 0.078 =

㉙ 4.95 =

㉚ 3.125 =

㉛ 2.616 =

㉜ 1.132 =

㉝ 6.5 =

㉞ 4.115 =

㉟ 0.068 =

㊱ 0.936 =

㊲ 1.88 =

㊳ 0.166 =

㊴ 0.475 =

㊵ 1.375 =

㊶ 4.6 =

㊷ 3.36 =

㊸ 2.34 =

㊹ 1.242 =

㊺ 1.292 =

㊻ 0.128 =

㊼ 3.074 =

㊽ 4.752 =

소수의 자릿수에 따라 분수가 어떻게 달라지는지 살펴봐!

N07 자릿수가 달라지는 소수를 분수로 나타내기

● 소수를 기약분수로 나타내 보세요.

① $0.9 = \dfrac{9}{10}$

분모가 10배씩 커져요.

$0.09 = \dfrac{9}{100}$

$0.009 = \dfrac{9}{1000}$

소수의 자릿수가 한 자리씩 늘어나면

② $1.3 =$

$1.03 =$

$1.003 =$

③ $0.4 =$

$0.04 =$

$0.004 =$

④ $0.8 =$

$0.08 =$

$0.008 =$

⑤ $2.5 =$

$2.05 =$

$2.005 =$

⑥ $4.6 =$

$4.06 =$

$4.006 =$

⑦ 0.7 =

0.07 =

0.007 =

⑧ 2.1 =

2.01 =

2.001 =

⑨ 0.6 =

0.06 =

0.006 =

⑩ 4.7 =

0.47 =

0.047 =

⑪ 0.5 =

0.55 =

0.555 =

⑫ 7.4 =

7.04 =

7.004 =

⑬ 0.15 =

0.015 =

0.0015 =

⑭ 3.2 =

3.02 =

3.002 =

⑮ 14.3 =

1.43 =

0.143 =

⑯ 1.2 =

0.12 =

0.012 =

⑰ 2.5 =

0.25 =

0.025 =

⑱ 12.5 =

1.25 =

0.125 =

08 크기 비교하기 분수나 소수로 통일하면 비교하기 쉽겠지?

● 크기를 비교하여 ○ 안에 >, =, <를 써 보세요.

① 0.4 ⊜ $\dfrac{2}{5}$

$0.4 = \dfrac{4}{10} = \dfrac{2}{5}$

② $\dfrac{3}{2}$ ○ 1.4

$\dfrac{3}{2} = 1\dfrac{1}{2} = 1\dfrac{5}{10} = 1.5$

③ 0.35 ○ $\dfrac{9}{20}$

④ $1\dfrac{51}{100}$ ○ 1.52

⑤ 0.008 ○ $\dfrac{3}{125}$

⑥ $\dfrac{4}{5}$ ○ 0.6

⑦ 1.05 ○ $1\dfrac{1}{25}$

⑧ $1\dfrac{17}{20}$ ○ 1.85

⑨ 4.375 ○ $4\dfrac{1}{8}$

⑩ $2\dfrac{7}{8}$ ○ 2.875

⑪ 0.14 ○ $\dfrac{7}{25}$

⑫ $1\dfrac{33}{50}$ ○ 1.65

⑬ 0.366 ○ $\dfrac{181}{500}$

⑭ $\dfrac{921}{1000}$ ○ 0.921

⑮ 4.28 ○ $4\dfrac{7}{20}$

⑯ $2\dfrac{29}{250}$ ○ 2.119

⑰ 0.6 ◯ $\dfrac{1}{2}$

⑱ $\dfrac{1}{5}$ ◯ 0.3

⑲ 0.15 ◯ $\dfrac{4}{25}$

⑳ $\dfrac{1}{4}$ ◯ 0.2

㉑ 0.22 ◯ $\dfrac{1}{8}$

㉒ $1\dfrac{4}{5}$ ◯ 1.48

㉓ 3.5 ◯ $3\dfrac{11}{20}$

㉔ $1\dfrac{7}{8}$ ◯ 1.875

㉕ 0.32 ◯ $\dfrac{9}{40}$

㉖ $\dfrac{24}{25}$ ◯ 0.9

㉗ 1.75 ◯ $1\dfrac{4}{5}$

㉘ $1\dfrac{1}{250}$ ◯ 1.008

㉙ 0.375 ◯ $\dfrac{5}{8}$

㉚ $2\dfrac{19}{20}$ ◯ 2.19

㉛ 2.55 ◯ $2\dfrac{33}{50}$

㉜ $\dfrac{11}{8}$ ◯ 1.45

㉝ 1.2 ◯ $1\frac{4}{5}$

㉞ $\frac{7}{4}$ ◯ 1.85

㉟ 0.21 ◯ $\frac{11}{50}$

㊱ $\frac{3}{5}$ ◯ 0.7

㊲ 0.35 ◯ $\frac{3}{20}$

㊳ $3\frac{9}{10}$ ◯ 3.8

㊴ 2.04 ◯ $2\frac{1}{25}$

㊵ $\frac{899}{1000}$ ◯ 0.9

㊶ 0.125 ◯ $\frac{1}{4}$

㊷ $2\frac{23}{50}$ ◯ 2.45

㊸ 5.75 ◯ $5\frac{3}{4}$

㊹ $3\frac{1}{50}$ ◯ 3.02

㊺ 1.62 ◯ $1\frac{3}{5}$

㊻ $\frac{22}{25}$ ◯ 0.98

㊼ 0.464 ◯ $\frac{59}{125}$

㊽ $1\frac{29}{125}$ ◯ 1.234

N09 여러 가지 분수로 나타내기

● □ 안에 알맞은 수를 써 보세요.

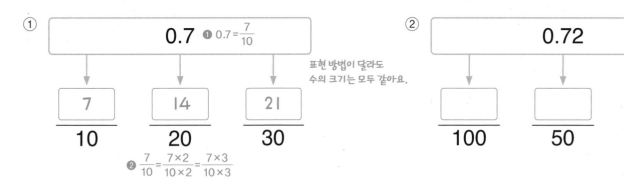

① 0.7   ❶ $0.7 = \frac{7}{10}$

$\frac{7}{10}$ $\frac{14}{20}$ $\frac{21}{30}$

표현 방법이 달라도
수의 크기는 모두 같아요.

❷ $\frac{7}{10} = \frac{7 \times 2}{10 \times 2} = \frac{7 \times 3}{10 \times 3}$

② 0.72

$\frac{}{100}$ $\frac{}{50}$ $\frac{}{25}$

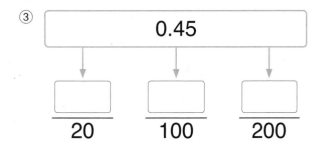

③ 0.45

$\frac{}{20}$ $\frac{}{100}$ $\frac{}{200}$

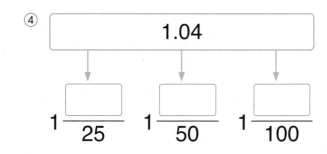

④ 1.04

$1\frac{}{25}$ $1\frac{}{50}$ $1\frac{}{100}$

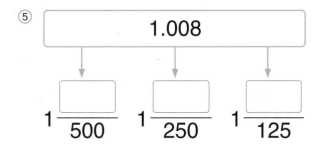

⑤ 1.008

$1\frac{}{500}$ $1\frac{}{250}$ $1\frac{}{125}$

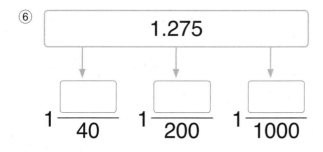

⑥ 1.275

$1\frac{}{40}$ $1\frac{}{200}$ $1\frac{}{1000}$

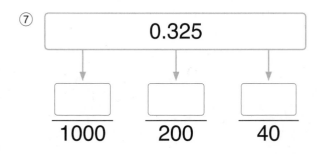

⑦ 0.325

$\frac{}{1000}$ $\frac{}{200}$ $\frac{}{40}$

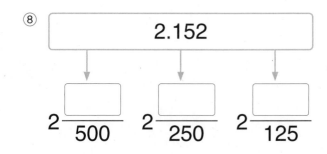

⑧ 2.152

$2\frac{}{500}$ $2\frac{}{250}$ $2\frac{}{125}$

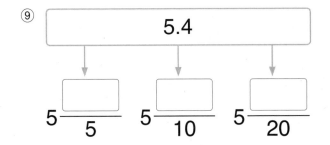

⑨

5.4

$5\dfrac{}{5}$ $5\dfrac{}{10}$ $5\dfrac{}{20}$

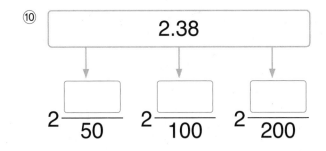

⑩

2.38

$2\dfrac{}{50}$ $2\dfrac{}{100}$ $2\dfrac{}{200}$

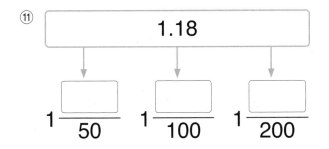

⑪

1.18

$1\dfrac{}{50}$ $1\dfrac{}{100}$ $1\dfrac{}{200}$

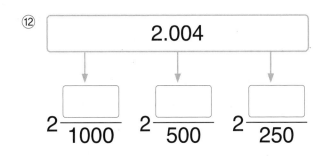

⑫

2.004

$2\dfrac{}{1000}$ $2\dfrac{}{500}$ $2\dfrac{}{250}$

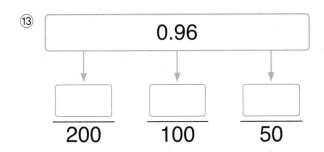

⑬

0.96

$\dfrac{}{200}$ $\dfrac{}{100}$ $\dfrac{}{50}$

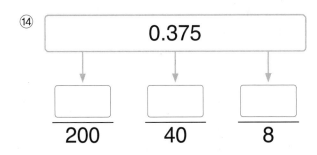

⑭

0.375

$\dfrac{}{200}$ $\dfrac{}{40}$ $\dfrac{}{8}$

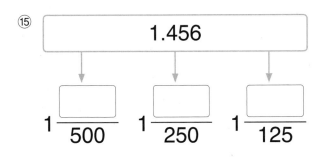

⑮

1.456

$1\dfrac{}{500}$ $1\dfrac{}{250}$ $1\dfrac{}{125}$

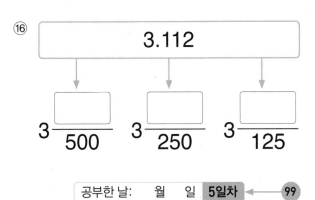

⑯

3.112

$3\dfrac{}{500}$ $3\dfrac{}{250}$ $3\dfrac{}{125}$

×6 소수와 자연수의 곱셈

자연수의 곱셈처럼 계산하고 소수점을 찍자!

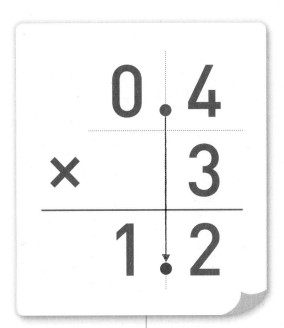

● 분수의 곱셈으로 계산하기

0.4×3

$= \dfrac{4}{10} \times 3$

$= \dfrac{12}{10}$

"소수를 분수로 바꾸어 곱한 다음 결과를 다시 소수로 나타내."

$= 1.2$

● 자연수의 곱셈으로 계산하기

$0.4 \times 3 = 1.2$

$\times \dfrac{1}{10}$ $\times \dfrac{1}{10}$

$4 \times 3 = 12$

"곱해지는 수가 $\dfrac{1}{10}$ 이 되면 곱도 $\dfrac{1}{10}$ 이 돼."

  0.4×3은 0.4씩 3번이니까 1.2야.

$0.4 \times 3 = 0.4 + 0.4 + 0.4 = 1.2$

자연수의 곱셈처럼 계산하고 소수점을 바르게 찍으면 돼.

✖01 자연수의 곱셈으로 알아보기

● 자연수의 곱셈을 하고 소수의 곱셈을 해 보세요.

①
$$\begin{array}{r} 4 \\ \times\ 7 \\ \hline \boxed{2\ 8} \end{array}$$
$$\begin{array}{r} 4 \\ \times\ 0.7 \\ \hline \boxed{2.8} \end{array}$$
0.7에 맞추어
소수점을 찍어요.

②
$$\begin{array}{r} 6 \\ \times\ 3 \\ \hline \boxed{} \end{array}$$
$$\begin{array}{r} 6 \\ \times\ 0.3 \\ \hline \boxed{} \end{array}$$

③
$$\begin{array}{r} 2 \\ \times\ 9 \\ \hline \boxed{} \end{array}$$
$$\begin{array}{r} 2 \\ \times\ 0.9 \\ \hline \boxed{} \end{array}$$

④
$$\begin{array}{r} 7 \\ \times\ 7 \\ \hline \boxed{} \end{array}$$
$$\begin{array}{r} 0.7 \\ \times\ 7 \\ \hline \boxed{} \end{array}$$

⑤
$$\begin{array}{r} 5 \\ \times\ 8 \\ \hline \boxed{} \end{array}$$
$$\begin{array}{r} 5 \\ \times\ 0.8 \\ \hline \boxed{} \end{array}$$
소수점 아래 끝자리 0은
생략하여 나타낼 수 있어요.

⑥
$$\begin{array}{r} 9 \\ \times\ 5 \\ \hline \boxed{} \end{array}$$
$$\begin{array}{r} 9 \\ \times\ 0.5 \\ \hline \boxed{} \end{array}$$

⑦
$$\begin{array}{r} 1\ 2 \\ \times\ 6 \\ \hline \boxed{} \end{array}$$
$$\begin{array}{r} 1.2 \\ \times\ 6 \\ \hline \boxed{} \end{array}$$

⑧
$$\begin{array}{r} 1\ 3 \\ \times\ 3 \\ \hline \boxed{} \end{array}$$
$$\begin{array}{r} 1.3 \\ \times\ 3 \\ \hline \boxed{} \end{array}$$

⑨
$$\begin{array}{r} 1\ 5 \\ \times\ 3 \\ \hline \boxed{} \end{array}$$
$$\begin{array}{r} 1\ 5 \\ \times\ 0.0\ 3 \\ \hline \boxed{} \end{array}$$

⑩
$$\begin{array}{r} 1\ 8 \\ \times\ 4 \\ \hline \boxed{} \end{array}$$
$$\begin{array}{r} 1.8 \\ \times\ 4 \\ \hline \boxed{} \end{array}$$

⑪
```
    2 2
×     2
─────────
  [    ]
```
```
    2 2
×   0.2
─────────
  [    ]
```

⑫
```
    2 4
×     5
─────────
  [    ]
```
```
    2 4
× 0.0 5
─────────
  [    ]
```

⑬
```
      9
×   1 1
─────────
  [    ]
```
```
  0.0 9
×   1 1
─────────
  [    ]
```

⑭
```
    1 5
×     5
─────────
  [    ]
```
```
    1 5
× 0.0 5
─────────
  [    ]
```

⑮
```
    3 6
×     3
─────────
  [    ]
```
```
    3.6
×     3
─────────
  [    ]
```

⑯
```
    1 8
×     4
─────────
  [    ]
```
```
  0.1 8
×     4
─────────
  [    ]
```

⑰
```
    2 1
×     8
─────────
  [    ]
```
```
    2 1
×   0.8
─────────
  [    ]
```

⑱
```
    2 5
×     4
─────────
  [    ]
```
```
    2 5
×   0.4
─────────
  [    ]
```

⑲
```
    3 7
×     3
─────────
  [    ]
```
```
    3.7
×     3
─────────
  [    ]
```

⑳
```
    2 9
×     5
─────────
  [    ]
```
```
    2 9
× 0.0 5
─────────
  [    ]
```

㉑
```
    1 7
×     7
┌─────┐
│     │
└─────┘
```
```
  0.1 7
×     7
┌─────┐
│     │
└─────┘
```

㉒
```
    3 0
×     9
┌─────┐
│     │
└─────┘
```
```
    3 0
×   0.9
┌─────┐
│     │
└─────┘
```

㉓
```
    2 4
×     3
┌─────┐
│     │
└─────┘
```
```
  2.4
×   3
┌─────┐
│     │
└─────┘
```

㉔
```
      4
×   3 4
┌─────┐
│     │
└─────┘
```
```
      4
×   3.4
┌─────┐
│     │
└─────┘
```

㉕
```
      5
×   2 2
┌─────┐
│     │
└─────┘
```
```
  0.0 5
×   2 2
┌─────┐
│     │
└─────┘
```

㉖
```
  1 3 9
×     2
┌─────┐
│     │
└─────┘
```
```
  1 3 9
× 0.0 2
┌─────┐
│     │
└─────┘
```

㉗
```
      3
× 1 1 2
┌─────┐
│     │
└─────┘
```
```
      3
× 1.1 2
┌─────┐
│     │
└─────┘
```

㉘
```
  1 0 6
×     8
┌─────┐
│     │
└─────┘
```
```
  1 0.6
×     8
┌─────┐
│     │
└─────┘
```

소수점 아래 끝자리
0은 생략할 수 있다.

하지만 자릿값이 있는
0은 생략할 수 없다.

$1.2 \times 1.5 = 1.8\cancel{0} = 1.8$

$5.08 = \cancel{5.8}$

㉙
```
  2 1 7
×     4
┌─────┐
│     │
└─────┘
```
```
  2.1 7
×     4
┌─────┐
│     │
└─────┘
```

02 세로셈 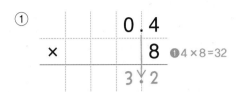 곱의 소수점 위치는 곱하는 소수의 소수점 위치와 같아!

● 곱셈을 해 보세요.

①
```
        0 . 4
×          8      ❶ 4×8=32
        3 ▼ 2
```
❷ 0.4와 같은 위치에 소수점을 찍어요.

②
```
      2 . 1 4
×           3
```

③
```
          7 2
×        0 . 2
```

④
```
        2 3
×      1 . 2
        4 6      ❶ 각 자리에 맞게
      2 3              세로셈을 해요.
```
❷ 1.2와 같은 위치에 소수점을 찍어요.

⑤
```
      0 . 0 9
×         3 5
```

⑥
```
        5 0
×      2 . 7
```

⑦
```
        0 . 8
×        5 7
```

⑧
```
          1 4
×        7 . 6
```

⑨
```
            7
×      0 . 8 4
```

⑩
```
            6
×      3 3 . 7
```

⑪
```
            8
×      9 . 5 2
```

⑫
```
      0 . 3 1
×       3 0 4
```

⑬
```
      0.5
×       3
```

⑭
```
      1.7
×       8
```

⑮
```
      1 4
×     0.4
```

⑯
```
    0.0 6
×     2 5
```

⑰
```
      1.2
×     1 6
```

⑱
```
      0.3
×     4 3
```

⑲
```
      5 0
×     5.9
```

⑳
```
      2.1
×     8 2
```

㉑
```
        8
×   0.3 6
```

㉒
```
        4
×   2 6.5
```

㉓
```
        9
×   3.0 4
```

㉔
```
    0.3 5
×   2 5 7
```

㉕
```
      1 0.2
×         5
```

㉖
```
        2 3
×     0.0 6
```

㉗
```
      4 1 9
×       0.2
```

㉘
```
          8
×     0.1 8
```

㉙
```
        1.4
×       2 4
```

㉚
```
      0.0 6
×       3 9
```

㉛
```
      1 4.5
×       5 2
```

㉜
```
    0.3 2 2
×       4 7
```

㉝
```
      7 0 2
×       1.6
```

㉞
```
    0.0 0 8
×       3 2 1
```

㉟
```
          5 4
×       1.3 5
```

㊱
```
      2 6 8
×     1 4.3
```

㊲ 62.8×4

㊳ 535×0.7

㊴ 314×0.05

㊵ 2.4×35

㊶ 6×0.63

㊷ 0.19×28

㊸ 0.189×23

㊹ 21.9×49

㊺ 223×7.3

㊻ 56×4.26

㊼ 0.006×362

㊽ 134×24.5

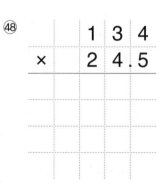

03 가로셈

 세로셈으로 나타내면 계산하기 쉬워.

● 세로셈으로 쓰고 곱셈을 해 보세요.

① 0.5×7

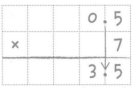

❶ 오른쪽 끝을 맞추어 세로셈을 써요.

❷ 5×7=35

❸ 0.5와 같은 위치에 소수점을 찍어요.

② 0.89×7

③ 82×0.9

④ 25.3×36

⑤ 34×0.82

⑥ 6.9×26

⑦ 300×0.93

소수점 아래가 모두 0이면
답은 자연수가 돼요.

⑧ 1.25×42

⑨ 4.73×91

⑩ 4×4.83

⑪ 3×16.7

⑫ 58×5.12

⑬ 0.8×2

⑭ 0.14×6

⑮ 35×0.5

⑯ 2.6×18

⑰ 19×0.43

⑱ 40.8×25

⑲ 600×0.29

⑳ 1.35×66

㉑ 3.17×31

㉒ 6×5.82

㉓ 30×13.4

㉔ 27×7.26

㉕ 22×0.04

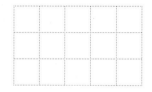

㉖ 5.08×5

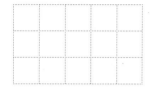

㉗ 139×0.7

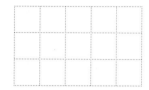

㉘ 16×6.1

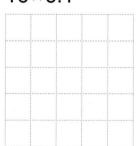

㉙ 430×2.8

㉚ 3.74×19

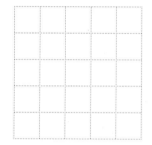

㉛ 82×0.26

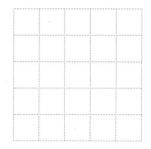

㉜ 3.06×13

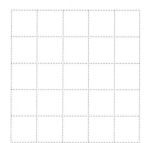

㉝ 140×0.45

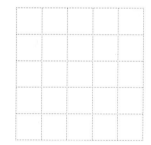

㉞ 4.6×108

㉟ 12×37.4

㊱ 6.9×253

111

㊲ 3.27×8

㊳ 318×0.6

㊴ 14×0.05

㊵ 88×6.3

㊶ 4.06×32

㊷ 250×3.5

㊸ 1.08×37

㊹ 66×0.54

㊺ 39×0.59

㊻ 7.2×166

㊼ 27×68.7

㊽ 1.24×206

소수의 자릿수에 따라 곱의 크기가 달라져.

04 자릿수가 바뀌는 소수의 곱셈

● 곱셈을 해 보세요.

① $3 \times 0.9 = 2.7$

　$3 \times 0.09 = 0.27$　　곱의 자릿수가 달라져요.

　$3 \times 0.009 = 0.027$

　소수점의 위치에 따라

② $2 \times 1.2 =$

　$2 \times 0.12 =$

　$2 \times 0.012 =$

③ $8 \times 1.1 =$

　$8 \times 0.11 =$

　$8 \times 0.011 =$

④ $3 \times 4.3 =$

　$3 \times 0.43 =$

　$3 \times 0.043 =$

⑤ $4 \times 3.5 =$

　$4 \times 0.35 =$

　$4 \times 0.035 =$

⑥ $10 \times 6.9 =$

　$10 \times 0.69 =$

　$10 \times 0.069 =$

⑦ $2 \times 21.4 =$

　$2 \times 2.14 =$

　$2 \times 0.214 =$

　$2 \times 0.0214 =$

⑧ $13 \times 1.3 =$

　$13 \times 0.13 =$

　$13 \times 0.013 =$

　$13 \times 0.0013 =$

⑨ 0.5×7 =

0.05×7 =

0.005×7 =

⑩ 1.3×3 =

0.13×3 =

0.013×3 =

⑪ 2.4×2 =

0.24×2 =

0.024×2 =

⑫ 5.2×4 =

0.52×4 =

0.052×4 =

⑬ 7.8×10 =

0.78×10 =

0.078×10 =

⑭ 4.5×4 =

0.45×4 =

0.045×4 =

⑮ 31.2×3 =

3.12×3 =

0.312×3 =

0.0312×3 =

⑯ 1.2×12 =

0.12×12 =

0.012×12 =

0.0012×12 =

10, 100, 1000을 곱하면 소수점 위치가 어떻게 달라지는지 살펴봐!

05 커지는 수 곱하기

● 곱셈을 해 보세요.

① $5.4 \times 10 = 54$

> 소수점을 옮길 자리가 없으면 0을 더 채워 쓰면서 옮겨요.

$5.4 \times 100 = 540$

$5.4 \times 1000 = 5400$

곱하는 수의 0이 한 개 늘어날 때마다 소수점이 오른쪽으로 한 칸씩 움직여요.

② $10 \times 2.9 =$

$100 \times 2.9 =$

$1000 \times 2.9 =$

③ $2.18 \times 10 =$

$2.18 \times 100 =$

$2.18 \times 1000 =$

④ $10 \times 4.57 =$

$100 \times 4.57 =$

$1000 \times 4.57 =$

⑤ $31.4 \times 10 =$

$31.4 \times 100 =$

$31.4 \times 1000 =$

⑥ $10 \times 83.2 =$

$100 \times 83.2 =$

$1000 \times 83.2 =$

⑦ $19.45 \times 10 =$

$19.45 \times 100 =$

$19.45 \times 1000 =$

⑧ $10 \times 60.13 =$

$100 \times 60.13 =$

$1000 \times 60.13 =$

0.1, 0.01, 0.001을 곱하면 소수점 위치가 어떻게 달라지는지 살펴봐!

06 작아지는 수 곱하기

● 곱셈을 해 보세요.

① $21 \times 0.1 = 2.1$

$21 \times 0.01 = 0.21$

> 소수점을 옮길 자리가 없으면 0을 더 채워 쓰면서 옮겨요.

$21 \times 0.001 = 0.021$

곱하는 소수의 자릿수가 한 자리 늘어날 때마다 소수점이 왼쪽으로 한 칸씩 움직여요.

② $0.1 \times 57 =$

$0.01 \times 57 =$

$0.001 \times 57 =$

③ $96 \times 0.1 =$

$96 \times 0.01 =$

$96 \times 0.001 =$

④ $0.1 \times 48 =$

$0.01 \times 48 =$

$0.001 \times 48 =$

⑤ $175 \times 0.1 =$

$175 \times 0.01 =$

$175 \times 0.001 =$

⑥ $0.1 \times 329 =$

$0.01 \times 329 =$

$0.001 \times 329 =$

⑦ $6571 \times 0.1 =$

$6571 \times 0.01 =$

$6571 \times 0.001 =$

⑧ $0.1 \times 2814 =$

$0.01 \times 2814 =$

$0.001 \times 2814 =$

결과의 소수점의 위치를 보고 얼마를 곱했는지 생각해 봐!

07 곱한 수 알아보기

● 빈칸에 알맞은 수를 써 보세요.

① $4.26 \times \underline{10} = 42.6$
소수점이 오른쪽으로 한 칸 이동했으므로 곱한 수는 10이에요.
$4.26 \times \underline{\quad} = 426$
$4.26 \times \underline{\quad} = 4260$

② $35 \times \underline{0.1} = 3.5$
소수점이 왼쪽으로 한 칸 이동했으므로 곱한 수는 0.1이에요.
$35 \times \underline{\quad} = 0.35$
$35 \times \underline{\quad} = 0.035$

③ $1.8 \times \underline{\quad} = 18$
$1.8 \times \underline{\quad} = 180$
$1.8 \times \underline{\quad} = 1800$

④ $592 \times \underline{\quad} = 59.2$
$592 \times \underline{\quad} = 5.92$
$592 \times \underline{\quad} = 0.592$

⑤ $20.5 \times \underline{\quad} = 205$
$20.5 \times \underline{\quad} = 2050$
$20.5 \times \underline{\quad} = 20500$

⑥ $60 \times \underline{\quad} = 6$
$60 \times \underline{\quad} = 0.6$
$60 \times \underline{\quad} = 0.06$

⑦ $1.98 \times \underline{\quad} = 19.8$
$1.98 \times \underline{\quad} = 198$
$1.98 \times \underline{\quad} = 1980$

⑧ $217 \times \underline{\quad} = 21.7$
$217 \times \underline{\quad} = 2.17$
$217 \times \underline{\quad} = 0.217$

⑨ 0.003 × _____ =0.03

0.003 × _____ =0.3

0.003 × _____ =3

⑩ 7371 × _____ =737.1

7371 × _____ =73.71

7371 × _____ =7.371

⑪ 0.015 × _____ =0.15

0.015 × _____ =1.5

0.015 × _____ =15

⑫ 6300 × _____ =630

6300 × _____ =63

6300 × _____ =6.3

⑬ 824 × _____ =8.24

824 × _____ =82.4

824 × _____ =824

824 × _____ =8240

⑭ 4.9 × _____ =490

4.9 × _____ =49

4.9 × _____ =4.9

4.9 × _____ =0.49

⑮ 605 × _____ =0.605

605 × _____ =6.05

605 × _____ =605

605 × _____ =60500

⑯ 3.87 × _____ =3870

3.87 × _____ =38.7

3.87 × _____ =3.87

3.87 × _____ =0.387

08 편리한 방법으로 계산하기

● 어떤 순서로 계산하면 편리한지 순서를 나타내고 곱셈을 해 보세요.

① $0.7 \times 5 \times 8 = 28$

40 ← 곱이 몇십이 되는 수를 찾아
28   먼저 곱하면 계산이 간단해요.

② $4 \times 1.9 \times 5 =$

③ $0.3 \times 5 \times 6 =$

④ $15 \times 2.8 \times 2 =$

⑤ $25 \times 2 \times 0.06 =$

⑥ $15.6 \times 5 \times 20 =$

곱이 몇이 되는 수를 먼저 계산하면 편리해요.

⑦ $1.5 \times 4 \times 9 =$

⑧ $7 \times 0.02 \times 5 =$

⑨ $33 \times 0.5 \times 6 =$

⑩ $0.25 \times 217 \times 40 =$

⑪ 0.08×11×5=

⑫ 7×4×1.5=

⑬ 50×2.07×2=

⑭ 0.09×2×35=

⑮ 4×2.5×7.17=

⑯ 0.25×43×8=

⑰ 5×13×0.08=

⑱ 30×0.005×6=

⑲ 5.62×4×50=

⑳ 4×3.35×25=

㉑ 0.04×17×5=

㉒ 8×12×0.125=

㉓ 20×0.05×6=

㉔ 35×5.6×2=

㉕ 4.69×250×4=

㉖ 213×0.08×5=

㉗ 8.12×50×2=

㉘ 1.95×4×15=

㉙ 0.125×80×29=

㉚ 25×421×0.004=

09 등식 완성하기 ✖️ '='의 양쪽은 같아.

● '='의 양쪽이 같게 되도록 빈칸에 알맞은 수를 써 보세요.

① $0.9 \times 10 = 0.09 \times \underline{100}$
　　9
9가 되려면 0.09의 소수점을
오른쪽으로 2칸 움직여야 해요.

② $0.4 \times 10 = \underline{} \times 100$
　　4
소수점을 오른쪽으로 2칸 움직여서
4가 되는 수를 생각해 봐요.

③ $3.7 \times 10 = 0.37 \times \underline{}$

④ $9.2 \times 10 = \underline{} \times 100$

⑤ $0.25 \times 100 = 0.025 \times \underline{}$

⑥ $0.17 \times 100 = \underline{} \times 1000$

⑦ $1.98 \times 100 = 0.198 \times \underline{}$

⑧ $5.32 \times 100 = \underline{} \times 1000$

⑨ $0.03 \times 100 = 0.3 \times \underline{}$

⑩ $0.08 \times 100 = \underline{} \times 10$

⑪ $0.82 \times 100 = 8.2 \times \underline{}$

⑫ $0.29 \times 100 = \underline{} \times 10$

⑬ $0.651 \times 1000 = 6.51 \times \underline{}$

⑭ $0.318 \times 1000 = \underline{} \times 100$

⑮ $0.049 \times 1000 = 4.9 \times \underline{}$

⑯ $0.075 \times 1000 = \underline{} \times 10$

⑰ $3 \times 0.1 = 30 \times$ <u>0.01</u>
<u>0.3</u>

0.3이 되려면 30의 소수점을
왼쪽으로 2칸 움직여야 해요.

⑱ $8 \times 0.1 = $ _____ $\times 0.01$
<u>0.8</u>

소수점을 왼쪽으로 2칸 움직여서
0.8이 되는 수를 생각해 봐요.

⑲ $60 \times 0.1 = 600 \times$ _____

⑳ $17 \times 0.1 = $ _____ $\times 0.01$

㉑ $52 \times 0.01 = 520 \times$ _____

㉒ $40 \times 0.01 = $ _____ $\times 0.001$

㉓ $102 \times 0.01 = 1020 \times$ _____

㉔ $963 \times 0.01 = $ _____ $\times 0.001$

㉕ $20 \times 0.01 = 2 \times$ _____

㉖ $11 \times 0.1 = $ _____ $\times 0.01$

㉗ $4 \times 0.1 = 400 \times$ _____

㉘ $50 \times 0.1 = $ _____ $\times 0.001$

㉙ $316 \times 0.1 = 3160 \times$ _____

㉚ $607 \times 0.1 = $ _____ $\times 0.01$

㉛ $1800 \times 0.001 = 18 \times$ _____

㉜ $9000 \times 0.001 = $ _____ $\times 0.1$

×7 소수의 곱셈

자연수의 곱셈처럼 계산하고 소수점을 찍자!

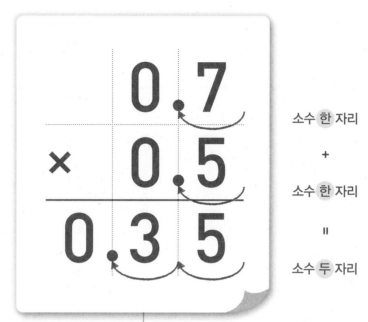

소수 한 자리

+

소수 한 자리

=

소수 두 자리

● 분수의 곱셈으로 계산하기

0.7×0.5

$= \dfrac{7}{10} \times \dfrac{5}{10}$

$= \dfrac{35}{100}$

$= 0.35$ "소수를 분수로 바꾸어 곱한 다음
결과를 다시 소수로 나타내."

● 자연수의 곱셈으로 계산하기

$0.7 \times 0.5 = 0.35$

$\times \dfrac{1}{10}$ $\times \dfrac{1}{10}$ $\times \dfrac{1}{100}$

$7 \times 5 = 35$

01 자연수의 곱셈으로 알아보기

● 자연수의 곱셈을 하고 소수의 곱셈을 해 보세요.

①
```
      2          0.2  소수 한 자리 수
  ×   3      × 0.3  소수 한 자리 수
  ─────      ─────────
      6        0.0 6  소수 두 자리 수
```

②
```
      8          0.8
  ×   7      × 0.7
  ─────      ─────────
```

③
```
      4          0.4
  ×   4      × 0.4
  ─────      ─────────
```

④
```
      6          0.6
  ×   9      × 0.9
  ─────      ─────────
```

⑤
```
    1 3          1.3
  ×   5      × 0.5
  ─────      ─────────
```

⑥
```
    1 5          1.5
  ×   8      ×   0.8
  ─────      ─────────
```

⑦
```
    2 4          2.4
  ×   8      × 0.8
  ─────      ─────────
```

⑧
```
    1 6          0.1 6
  ×   7      ×   0.7
  ─────      ─────────
```

⑨
```
    7 6          0.7 6
  ×   2      ×   0.2
  ─────      ─────────
```

⑩
```
    3 9          0.3 9
  ×   6      ×   0.6
  ─────      ─────────
```

⑪
```
    1 0 8
  ×     4
───────────
```
```
    1.0 8
  ×   0.4
───────────
```

⑫
```
    2 5 7
  ×     7
───────────
```
```
    2.5 7
  ×   0.7
───────────
```

⑬
```
    2 3 6
  ×     3
───────────
```
```
    2 3.6
  ×   0.3
───────────
```

⑭
```
    1 6 7
  ×     5
───────────
```
```
    1 6.7
  × 0.0 5
───────────
```

⑮
```
    3 9 9
  ×     5
───────────
```
```
    3.9 9
  ×   0.5
───────────
```

⑯
```
    6 2 3
  ×     2
───────────
```
```
    6.2 3
  ×   0.2
───────────
```

⑰
```
  1 0 5 1
  ×     5
───────────
```
```
  1 0.5 1
  × 0.0 5
───────────
```

⑱
```
  3 9 2 4
  ×     6
───────────
```
```
  3 9.2 4
  × 0.0 6
───────────
```

⑲
```
  1 7 2 5
  ×     3
───────────
```
```
  1 7 2.5
  ×   0.3
───────────
```

⑳
```
  2 5 7 5
  ×     4
───────────
```
```
  2 5.7 5
  × 0.0 4
───────────
```

㉑
```
      2
  ×   2 2
```
```
      0.2
  ×   2.2
```

㉒
```
      5
  ×   1 4
```
```
      0.5
  ×   1.4
```

㉓
```
      8
  ×   1 5
```
```
      0.0 8
  ×   1.5
```

㉔
```
      9
  ×   3 7
```
```
      0.9
  ×   3.7
```

㉕
```
      3
  ×   3 5
```
```
      0.0 3
  ×   3.5
```

㉖
```
      9
  ×   1 7
```
```
      0.0 9
  ×   1.7
```

㉗
```
      7
  ×   3 6
```
```
      0.7
  × 0.3 6
```

㉘
```
      4
  ×   5 5
```
```
      0.0 4
  ×   5.5
```

㉙
```
      7
  ×   2 8
```
```
      0.7
  × 0.2 8
```

㉚
```
      5
  ×   1 2
```
```
      0.5
  × 0.1 2
```

③1
```
    6 2          6.2
×   2 3      ×   2.3
```

③2
```
    3 6        0.3 6
×   1 4      ×   1.4
```

③3
```
    2 9          2.9
×   1 4      ×   1.4
```

③4
```
    3 8          3.8
×   3 2      × 0.3 2
```

③5
```
    9 3        0.9 3
×   5 1      × 0.5 1
```

③6
```
    4 0 5      4.0 5
×     1 8    ×   1.8
```

③7
```
    2 5 7      2 5.7
×     2 9    × 0.2 9
```

③8
```
    1 5 2      1.5 2
×     6 7    × 0.6 7
```

③9
```
    3 9 9      3.9 9
×     5 7    ×   5.7
```

④0
```
    4 3 4      4.3 4
×     1 5    ×   1.5
```

02 세로셈 ✕ 소수점은 곱셈을 다 한 다음 마지막에 찍어.

● 곱셈을 해 보세요.

①
```
        0 . 6    1칸
  ×     0 . 7    1칸   1+1=2(칸)
      0 . 4   2
```

②
```
        0 . 8
  ×     0 . 5
```
소수점 아래 끝자리 0은 생략할 수 있어요.

③
```
        1 . 4
  ×     0 . 9
```

④
```
        9 . 2
  ×     2 . 6
```

⑤
```
        0 . 6
  ×     3 . 2
```

⑥
```
      1 4 . 7
  ×     2 . 6
```

⑦
```
        1 . 5
  ×     5 . 9
```

⑧
```
      3 2 . 7
  ×     4 . 3
```

⑨
```
        5 . 2
  ×   0 . 8 4
```

⑩
```
      0 . 0 7
  ×   1 1 . 2
```

⑪
```
      1 . 0 3
  ×   4 3 . 5
```

⑫
```
        8 . 6
  ×   2 . 0 8
```

⑬
```
      0 . 0 4
  ×       0 . 2
```

⑭
```
      3 . 1 8
  ×       0 . 8
```

⑮
```
        8 . 5
  ×     0 . 0 3
```

⑯
```
      0 . 0 9
  ×       6 . 3
```

⑰
```
        7 . 6
  ×     0 . 4 5
```

⑱
```
        0 . 4
  ×     0 . 5 9
```

⑲
```
      2 . 2 8
  ×     0 . 8 4
```

⑳
```
      2 1 . 4
  ×     0 . 5 3
```

㉑
```
      8 . 2 1
  ×     0 . 6 7
```

㉒
```
      0 . 1 2
  ×     3 . 2 8
```

더할 때와 곱할 때의 소수점 위치는 달라.

```
    0 . 5
  + 0 . 3
    0 . 8
```
VS
```
      0 . 5
  ×   0 . 3
      0 . 1 5
```

소수 한 자리 수끼리 더하면
소수 한 자리 수!

소수 한 자리 수끼리 곱하면
소수 두 자리 수!

㉓
```
      6 . 1 8
  ×   0 . 0 5
```

㉔
```
      5 . 9 4
  ×   0 . 0 8
```

㉕
```
    0 . 0 0 6
  ×       0 . 7
```

㉖
```
      4 . 8 1
  ×   0 . 2 9
```

㉗
```
    1 1 . 0 3
  ×     0 . 5 4
```

㉘
```
    0 . 0 1 2
  ×       6 . 5
```

㉙
```
    0 . 0 3 4
  ×       4 . 3
```

㉚
```
          0 . 4
  ×   0 . 0 7 4
```

㉛
```
    0 . 1 2 7
  ×       3 . 2
```

㉜
```
          6 . 4
  ×   0 . 2 6 5
```

㉝
```
    0 . 0 0 5
  ×     2 7 . 5
```

㉞
```
      3 2 . 9
  ×   0 . 4 6 1
```

㉟
```
      1 1.5
×   0.0 0 8
```

㊱
```
      5.0 1 3
×       0.0 4
```

㊲
```
      8.5 9 2
×       0.0 2
```

㊳
```
      0.0 0 3
×       0.3 5
```

㊴
```
      1 2.0 2
×       0.0 4 6
```

㊵
```
      0.6 7 4
×       0.1 1
```

㊶
```
      0.0 5 8
×       0.2 4
```

㊷
```
      4 1.0 9
×       0.1 6
```

㊸
```
      1 3 5.4 5
×         0.2 6
```

㊹
```
      0.0 0 7
×       1.3 4
```

㊺
```
      1 3.8 6
×       7.0 8
```

㊻
```
      2 1.8 3
×       0.2 3 9
```

곱하는 소수의 소수점의 위치에 따라 **결과가 어떻게 달라지는지 살펴봐.**

03 소수점의 위치가 다른 곱셈

● 곱셈을 해 보세요.

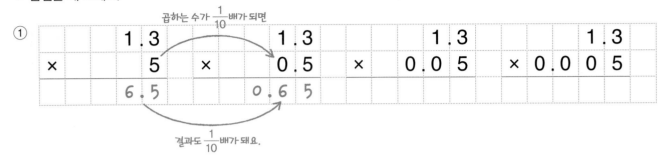

①
	1.3		1.3		1.3		1.3
×	5	×	0.5	×	0.05	×	0.005
	6.5		0.65				

곱하는 수가 $\frac{1}{10}$배가 되면

결과도 $\frac{1}{10}$배가 돼요.

②
	0.6		0.6		0.6		0.6
×	8 4	×	8.4	×	0.84	×	0.084

③
	3.7		3.7		3.7		3.7
×	2 1	×	2.1	×	0.21	×	0.021

④
	1.8		1.8		1.8		1.8
×	4 2	×	4.2	×	0.42	×	0.042

⑤

		3	0.	9			3	0.	9			3	0.	9			3	0.	9
×				5	×			0.	5	×		0.	0	5	×	0.	0	0	5

⑥

		1	5.	6			1	5.	6			1	5.	6			1	5.	6
×			1	2	×			1.	2	×		0.	1	2	×	0.	0	1	2

⑦

		4	1.	9			4	1.	9			4	1.	9			4	1.	9
×			1	5	×			1.	5	×		0.	1	5	×	0.	0	1	5

⑧

		2	7.	4			2	7.	4			2	7.	4			2	7.	4
×			2	3	×			2.	3	×		0.	2	3	×	0.	0	2	3

04 다르면서 같은 곱셈

● 곱셈을 해 보세요.

① $0.53 \times 0.6 = 0.318$

　　$5.3 \times 0.06 = 0.318$

곱해지는 수는　　곱하는 수는　　계산 결과는 같아요.
10배가 되고　　$\frac{1}{10}$배가 되면

② $3.7 \times 0.07 =$

　　$37 \times 0.007 =$

③ $10.6 \times 0.03 =$

　　$1.06 \times 0.3 =$

④ $1.85 \times 0.14 =$

　　$0.185 \times 1.4 =$

⑤ $1.44 \times 1.9 =$

　　$14.4 \times 0.19 =$

⑥ $21.5 \times 0.52 =$

　　$2.15 \times 5.2 =$

⑦ $0.72 \times 3.8 =$

　　$7.2 \times 0.38 =$

⑧ $4.3 \times 2.6 =$

　　$43 \times 0.26 =$

⑨ $0.35 \times 0.4 =$

　　$3.5 \times 0.04 =$

⑩ $4.5 \times 1.58 =$

　　$0.45 \times 15.8 =$

⑪ $0.02 \times 7 =$

　　$0.2 \times \boxed{} = 0.14$

⑫ $0.9 \times 7.9 =$

　　$9 \times \boxed{} = 7.11$

⑬ 7.14×0.2 =

71.4×0.02 =

⑭ 1.45×2.1 =

14.5×0.21 =

⑮ 3.57×0.4 =

35.7×0.04 =

⑯ 2.9×1.05 =

0.29×10.5 =

⑰ 1.4×0.55 =

0.14×5.5 =

⑱ 1.08×1.2 =

10.8×0.12 =

⑲ 0.7×1.1 =

70×0.011 =

⑳ 2.16×0.6 =

216×0.006 =

㉑ 3.6×1.68 =

0.36×16.8 =

㉒ 1.31×12.2 =

13.1×1.22 =

㉓ 1.8×3.36 =

0.018× ☐ =6.048

㉔ 26.2×0.61 =

0.262× ☐ =15.982

 곱하는 수가 10, 100, 1000배가 되면 결과가 어떻게 달라지는지 살펴봐!

05 커지는 수 곱하기

● 곱셈을 해 보세요.

① 1.2×0.001 = 0.0012

1.2× 0.01 = 0.012

1.2× 0.1 = 0.12

곱하는 수가   곱도
10배가 되면   10배가 돼요.

② 0.001×0.7 =

0.01×0.7 =

0.1×0.7 =

③ 5.4×0.001 =

5.4×0.01 =

5.4×0.1 =

④ 0.001×8.6 =

0.01×8.6 =

0.1×8.6 =

⑤ 10.1×0.001 =

10.1×0.01 =

10.1×0.1 =

⑥ 0.001×37.5 =

0.01×37.5 =

0.1×37.5 =

⑦ 149.2×0.001 =

149.2×0.01 =

149.2×0.1 =

⑧ 0.001×6.08 =

0.01×6.08 =

0.1×6.08 =

06 작아지는 수 곱하기

곱하는 수가 0.1, 0.01, 0.001배가 되면 결과가 어떻게 달라지는지 살펴봐!

● 곱셈을 해 보세요.

① 1.7× 0.1 = 0.17

　 1.7× 0.01 = 0.017

　 1.7×0.001 = 0.0017

곱하는 수가 $\frac{1}{10}$배가 되면　곱도 $\frac{1}{10}$배가 돼요.

② 0.1×1.5=

　 0.01×1.5=

　 0.001×1.5=

③ 6.3×0.1=

　 6.3×0.01=

　 6.3×0.001=

④ 0.1×2.5=

　 0.01×2.5=

　 0.001×2.5=

⑤ 43.6×0.1=

　 43.6×0.01=

　 43.6×0.001=

⑥ 0.1×58.2=

　 0.01×58.2=

　 0.001×58.2=

⑦ 2.91×0.1=

　 2.91×0.01=

　 2.91×0.001=

⑧ 0.1×5.12=

　 0.01×5.12=

　 0.001×5.12=

곱하는 두 소수의 소수점 아래 자리 수의 합을 알아봐!

✖07 곱의 소수점의 위치

● 곱셈을 해 보세요.

① $0.2 \times 0.3 = 0.06$

$0.2 \times 0.03 = 0.006$

$0.02 \times 0.03 = 0.0006$

② $0.5 \times 0.6 =$

$0.05 \times 0.6 =$

$0.05 \times 0.06 =$

③ $0.9 \times 0.7 =$

$0.9 \times 0.07 =$

$0.09 \times 0.07 =$

④ $0.8 \times 0.8 =$

$0.08 \times 0.8 =$

$0.08 \times 0.08 =$

⑤ $0.7 \times 0.4 =$

$0.7 \times 0.04 =$

$0.07 \times 0.04 =$

⑥ $0.6 \times 0.9 =$

$0.06 \times 0.9 =$

$0.06 \times 0.09 =$

⑦ $2.3 \times 0.3 =$

$2.3 \times 0.03 =$

$0.23 \times 0.03 =$

⑧ $1.2 \times 0.5 =$

$0.12 \times 0.5 =$

$0.12 \times 0.05 =$

⑨ 1.9×0.6＝

1.9×0.06＝

0.19×0.06＝

⑩ 3.4×0.8＝

0.34×0.8＝

0.34×0.08＝

⑪ 6.5×0.4＝

6.5×0.04＝

0.65×0.04＝

⑫ 13.2×0.7＝

1.32×0.7＝

1.32×0.07＝

⑬ 0.2×1.9＝

0.2×0.19＝

0.02×0.19＝

⑭ 0.5×6.1＝

0.05×6.1＝

0.05×0.61＝

⑮ 0.3×4.2＝

0.3×0.42＝

0.03×0.42＝

⑯ 0.8×2.5＝

0.08×2.5＝

0.08×0.25＝

⑰ 0.9×2.3=

0.9×0.23=

0.09×0.23=

⑱ 0.8×24.8=

0.08×24.8=

0.08×2.48=

⑲ 1.6×1.1=

1.6×0.11=

0.16×0.11=

⑳ 1.3×4.9=

0.13×4.9=

0.13×0.49=

㉑ 2.8×3.4=

2.8×0.34=

0.28×0.34=

㉒ 4.5×1.2=

0.45×1.2=

0.45×0.12=

㉓ 3.2×5.3=

3.2×0.53=

0.32×0.53=

㉔ 10.9×2.7=

1.09×2.7=

1.09×0.27=

08 곱해서 더해 보기

세 곱셈식은 +로 연결되어 있어.

● 곱셈을 해 보세요.

① 0.3× 1 = 0.3

0.3×0.5 = 0.15

0.3×1.5 = 0.45

② 0.6×0.5 =

0.6×0.9 =

0.6×1.4 =

③ 0.5× 1 =

0.5×0.4 =

0.5×1.4 =

④ 0.8×0.5 =

0.8×0.8 =

0.8×1.3 =

⑤ 0.2× 2 =

0.2×0.3 =

0.2×2.3 =

⑥ 0.4×0.7 =

0.4×0.6 =

0.4×1.3 =

⑦ 0.7× 3 =

0.7×0.6 =

0.7×3.6 =

⑧ 0.9×0.9 =

0.9×0.9 =

0.9×1.8 =

⑨ 1.8 × 1 =

1.8 × 0.7 =

1.8 × 1.7 =

⑩ 3.2 × 1 =

3.2 × 0.6 =

3.2 × 1.6 =

⑪ 1.2 × 2 =

1.2 × 0.5 =

1.2 × 2.5 =

⑫ 5.3 × 3 =

5.3 × 0.01 =

5.3 × 3.01 =

⑬ 6.9 × 4 =

6.9 × 0.3 =

6.9 × 4.3 =

⑭ 1.15 × 3 =

1.15 × 0.2 =

1.15 × 3.2 =

⑮ 8.1 × 10 =

8.1 × 0.2 =

8.1 × 10.2 =

⑯ 2.01 × 4 =

2.01 × 0.4 =

2.01 × 4.4 =

곱이 간단해지는 두 수를 먼저 곱해 보자.

09 편리한 방법으로 계산하기

● 어떤 순서로 계산하면 편리한지 순서를 나타내고 곱셈을 해 보세요.

① 0.28×0.2×0.5=0.028

0.056×0.5보다 0.28×0.1의 계산이 더 간단해요.
0.1
0.028

② 0.5×3.6×0.4=

③ 2.5×1.8×0.4=

④ 4.54×2.5×0.04=

⑤ 0.6×0.5×10.3=

⑥ 0.2×1.5×9.2=

⑦ 0.25×0.39×0.4=

⑧ 17.83×0.5×0.2=

⑨ 0.15×0.6×4.2=

⑩ 0.05×3.14×0.2=

⑪ $0.5 \times 1.7 \times 0.2 =$

⑫ $0.13 \times 0.4 \times 1.5 =$

⑬ $1.2 \times 0.5 \times 10.9 =$

⑭ $0.05 \times 3.6 \times 0.2 =$

⑮ $0.4 \times 1.25 \times 0.41 =$

⑯ $5.8 \times 0.5 \times 0.6 =$

⑰ $0.25 \times 3.3 \times 0.8 =$

⑱ $2.5 \times 0.02 \times 1.84 =$

⑲ $7.4 \times 0.4 \times 0.25 =$

⑳ $0.45 \times 2.52 \times 0.2 =$

곱이 간단해지는 두 수를 먼저 곱해 보자.

㉑ 0.4×1.25×0.3=

㉒ 0.25×1.2×0.4=

㉓ 0.8×0.2×1.5=

㉔ 0.6×0.05×11.1=

㉕ 2.5×0.55×0.04=

㉖ 0.11×0.35×0.2=

㉗ 0.125×3.12×0.8=

㉘ 4.5×0.02×0.5=

㉙ 1.7×0.08×2.5=

㉚ 1.25×0.4×9.3=

곱하는 수의 크기만 살펴봐도 알 수 있어!

10 계산하지 않고 크기 비교하기

● 계산하지 않고 크기를 비교하여 ○ 안에 >, =, <를 써 보세요.

① 1.7 ⟩ 1.7×0.01 1보다 작은 수를 곱하면 처음 수보다 작아져요.

1.7 ⟨ 1.7×2.01 1보다 큰 수를 곱하면 처음 수보다 커져요.

② 2.94 ◯ 2.94×0.5

2.94 ◯ 2.94×3.5

③ 62.5 ◯ 62.5×7.8

62.5 ◯ 62.5×0.78

④ 1.82 ◯ 1.82×2.43

1.82 ◯ 1.82×24.3

⑤ 0.58 ◯ 0.58×0.99

0.58 ◯ 0.58×1.01

⑥ 3.2 ◯ 3.2×2.001

3.2 ◯ 3.2×0.909

⑦ 0.47 ◯ 0.47×0.47

0.47 ◯ 0.47×4.7

⑧ 5.4 ◯ 5.4×4.5

5.4 ◯ 5.4×0.545

⑨ 3.7 ◯ 3.7×7.3

3.7 ◯ 3.7×3.7

⑩ 63.3 ◯ 63.3×0.92

63.3 ◯ 63.3×0.29

식이 완성되도록 연산 기호를 넣어 봐!

11 연산 기호 넣기

● +, −, × 중 알맞은 연산 기호를 골라 ⬜ 안에 써 보세요.

① 0.5 $+$ 0.3 = 0.8

0.8이 되려면 두 수를 더해야 해요.

0.5 $-$ 0.3 = 0.2

0.2가 되려면 큰 수에서 작은 수를 빼야 해요.

0.5 $\times$ 0.3 = 0.15

0.15가 되려면 두 수를 곱해야 해요.

② 0.4 ⬜ 0.1 = 0.5

0.4 ⬜ 0.1 = 0.04

0.4 ⬜ 0.1 = 0.3

③ 0.9 ⬜ 0.2 = 0.18

0.9 ⬜ 0.2 = 1.1

0.9 ⬜ 0.2 = 0.7

④ 0.8 ⬜ 0.5 = 0.4

0.8 ⬜ 0.5 = 0.3

0.8 ⬜ 0.5 = 1.3

⑤ 1.1 ⬜ 0.7 = 1.8

1.1 ⬜ 0.7 = 0.4

1.1 ⬜ 0.7 = 0.77

⑥ 2.1 ⬜ 0.1 = 2

2.1 ⬜ 0.1 = 0.21

2.1 ⬜ 0.1 = 2.2

⑦ 2.3 ⬜ 1.3 = 3.6

2.3 ⬜ 1.3 = 2.99

2.3 ⬜ 1.3 = 1

⑧ 0.15 ⬜ 0.04 = 0.11

0.15 ⬜ 0.04 = 0.19

0.15 ⬜ 0.04 = 0.006

수능까지 연결되는 독해 로드맵

디딤돌 독해력은 수능까지 연결되는 체계적인 라인업을 통하여

수능에서 요구하는 핵심 독해 원리에 대한 이해는 물론,

단계 별로 심화되며 연결되는 학습의 과정을 통해

깊이 있고 종합적인 독해 사고의 능력까지 기를 수 있도록 도와줍니다.

기초를 다진 후에는 본격 실전 독해 훈련으로!
디딤돌 독해력 고학년 Ⅰ~Ⅳ

· 수능 국어 독서 영역을 기준으로 주제별, 수준별 구성
· 초등 고학년이 감당할 수 있는 중등 수준의 지문을 4단계로 세분화

독해력 공부를 처음 시작한다면, 기초를 튼튼히!
디딤돌 독해력 초등국어 1~6

· 초등 국어 교과서의 학년별 성취 기준을 바탕으로 독해 목표 설정
· 문학+비문학 제재로 구성, 차근차근 심화되는 독해 원리 학습

1~4학년군 1, 2, 3, 4   5~6학년군 5, 6

기초   기본   실력

초등   초등 고학년

디딤돌
연산
수학
정답과
학습지도법

디딤돌
연산은
수학이다.
정답과
학습지도법

1 분수와 자연수의 곱셈

분수의 곱셈은 통분하는 과정이 없기 때문에 분수의 덧셈, 뺄셈보다 쉽게 느껴집니다. 다만, 약분을 빠뜨리거나 잘못 약분하지 않도록 주의해야 합니다. 앞서 약분을 배웠으므로 분수로 답을 할 때 기약분수로 나타내도록 지도해 주세요.

01 덧셈을 곱셈으로 나타내기　　　8쪽

① $\dfrac{12}{5}$, $2\dfrac{2}{5}$, $\dfrac{12}{5}$, $2\dfrac{2}{5}$

② $\dfrac{5}{9}$, $\dfrac{5}{9}$

③ $\dfrac{36}{7}$, $5\dfrac{1}{7}$, $\dfrac{36}{7}$, $5\dfrac{1}{7}$

④ $\dfrac{25}{4}$, $6\dfrac{1}{4}$, $\dfrac{25}{4}$, $6\dfrac{1}{4}$

곱셈의 원리 ● 계산 원리 이해

02 분수와 자연수의 곱셈 방법 익히기　　　9쪽

① 3, $\dfrac{3}{8}$

② 2, $\dfrac{10}{7}\left(=1\dfrac{3}{7}\right)$

③ 4, $\dfrac{8}{15}$

④ 6, $\dfrac{18}{11}\left(=1\dfrac{7}{11}\right)$

⑤ 5, $\dfrac{5}{7}$

⑥ 5, $\dfrac{35}{8}\left(=4\dfrac{3}{8}\right)$

⑦ 4, $\dfrac{8}{9}$

⑧ 2, $\dfrac{32}{15}\left(=2\dfrac{2}{15}\right)$

⑨ 6, $\dfrac{18}{19}$

⑩ 10, $\dfrac{20}{13}\left(=1\dfrac{7}{13}\right)$

⑪ 3, $\dfrac{33}{35}$

⑫ 4, $\dfrac{44}{9}\left(=4\dfrac{8}{9}\right)$

⑬ 4, $\dfrac{16}{17}$

⑭ 3, $\dfrac{51}{40}\left(=1\dfrac{11}{40}\right)$

곱셈의 원리 ● 계산 방법 이해

곱셈의 교환법칙

곱셈의 교환법칙은 두 수 a, b에 대하여 $a \times b = b \times a$가 성립하는 것을 의미합니다. a, b가 자연수, 분수, 소수임에 상관없이 모든 곱셈에서 성립합니다.
교환법칙이 성립하는 또 다른 연산은 덧셈이 있는데 두 수 a, b에 대하여 $a+b=b+a$입니다.
그러나 뺄셈이나 나눗셈에서는 교환법칙이 성립하지 않습니다. 즉 두 수 a, b에 대하여 $a-b$와 $b-a$는 같지 않고, $a \div b$와 $b \div a$도 같지 않습니다.

03 약분하여 계산하기　　　10~12쪽

① 4

② $\dfrac{3}{2}\left(=1\dfrac{1}{2}\right)$

③ $\dfrac{3}{5}$

④ $\dfrac{27}{5}\left(=5\dfrac{2}{5}\right)$

⑤ 3

⑥ $\dfrac{16}{5}\left(=3\dfrac{1}{5}\right)$

⑦ $\dfrac{15}{7}\left(=2\dfrac{1}{7}\right)$

⑧ $\dfrac{9}{2}\left(=4\dfrac{1}{2}\right)$

⑨ $\dfrac{14}{3}\left(=4\dfrac{2}{3}\right)$

⑩ $\dfrac{5}{2}\left(=2\dfrac{1}{2}\right)$

⑪ $\dfrac{4}{3}\left(=1\dfrac{1}{3}\right)$

⑫ $\dfrac{13}{2}\left(=6\dfrac{1}{2}\right)$

⑬ 12

⑭ $\dfrac{10}{3}\left(=3\dfrac{1}{3}\right)$

⑮ $\dfrac{20}{7}\left(=2\dfrac{6}{7}\right)$

⑯ $\dfrac{5}{4}\left(=1\dfrac{1}{4}\right)$

⑰ 2

⑱ $\dfrac{5}{4}\left(=1\dfrac{1}{4}\right)$

⑲ 12

⑳ $\dfrac{2}{3}$

㉑ $\dfrac{8}{3}\left(=2\dfrac{2}{3}\right)$

㉒ $\dfrac{7}{2}\left(=3\dfrac{1}{2}\right)$

㉓ $\dfrac{5}{3}\left(=1\dfrac{2}{3}\right)$

㉔ $\dfrac{11}{4}\left(=2\dfrac{3}{4}\right)$

㉕ $\dfrac{28}{3}\left(=9\dfrac{1}{3}\right)$

㉖ $\dfrac{2}{3}$

㉗ $\dfrac{7}{4}\left(=1\dfrac{3}{4}\right)$

㉘ $\dfrac{15}{2}\left(=7\dfrac{1}{2}\right)$

㉙ 8

㉚ $\dfrac{7}{3}\left(=2\dfrac{1}{3}\right)$

㉛ $\dfrac{15}{4}\left(=3\dfrac{3}{4}\right)$

㉜ $\dfrac{8}{3}\left(=2\dfrac{2}{3}\right)$

㉝ 2

㉞ $\dfrac{5}{4}\left(=1\dfrac{1}{4}\right)$

㉟ $\dfrac{15}{7}\left(=7\dfrac{1}{2}\right)$

㊱ 4

㊲ 9

㊳ $\dfrac{7}{2}\left(=3\dfrac{1}{2}\right)$

㊴ $\dfrac{5}{3}\left(=1\dfrac{2}{3}\right)$

㊵ $\dfrac{12}{5}\left(=2\dfrac{2}{5}\right)$

㊶ $\dfrac{12}{5}\left(=2\dfrac{2}{5}\right)$

㊷ $\dfrac{20}{3}\left(=6\dfrac{2}{3}\right)$

㊸ $\dfrac{20}{3}\left(=6\dfrac{2}{3}\right)$

㊹ $\dfrac{21}{4}\left(=5\dfrac{1}{4}\right)$

㊺ $\dfrac{9}{8}\left(=1\dfrac{1}{8}\right)$

㊻ $\dfrac{5}{6}$

㊼ $\dfrac{22}{9}\left(=2\dfrac{4}{9}\right)$　　　㊽ 12

㊸ $\dfrac{22}{3}\left(=7\dfrac{1}{3}\right)$　　　㊹ $\dfrac{10}{3}\left(=3\dfrac{1}{3}\right)$

㊺ $\dfrac{51}{2}\left(=25\dfrac{1}{2}\right)$　　　㊻ $\dfrac{50}{7}\left(=7\dfrac{1}{7}\right)$

㊼ $\dfrac{40}{3}\left(=13\dfrac{1}{3}\right)$　　　㊽ $\dfrac{91}{9}\left(=10\dfrac{1}{9}\right)$

04 대분수를 가분수로 바꾸어 계산하기　13~15쪽

① 9　　　② 10

③ 21　　　④ 33

⑤ $\dfrac{57}{16}\left(=3\dfrac{9}{16}\right)$　　　⑥ $\dfrac{39}{4}\left(=9\dfrac{3}{4}\right)$

⑦ $\dfrac{17}{3}\left(=5\dfrac{2}{3}\right)$　　　⑧ $\dfrac{35}{6}\left(=5\dfrac{5}{6}\right)$

⑨ $\dfrac{58}{3}\left(=19\dfrac{1}{3}\right)$　　　⑩ $\dfrac{31}{3}\left(=10\dfrac{1}{3}\right)$

⑪ 36　　　⑫ $\dfrac{23}{2}\left(=11\dfrac{1}{2}\right)$

⑬ $\dfrac{87}{4}\left(=21\dfrac{3}{4}\right)$　　　⑭ $\dfrac{24}{7}\left(=3\dfrac{3}{7}\right)$

⑮ $\dfrac{49}{2}\left(=24\dfrac{1}{2}\right)$　　　⑯ $\dfrac{65}{4}\left(=16\dfrac{1}{4}\right)$

⑰ 6　　　⑱ 12

⑲ $\dfrac{33}{2}\left(=16\dfrac{1}{2}\right)$　　　⑳ 20

㉑ 18　　　㉒ $\dfrac{14}{3}\left(=4\dfrac{2}{3}\right)$

㉓ $\dfrac{11}{4}\left(=2\dfrac{3}{4}\right)$　　　㉔ $\dfrac{39}{5}\left(=7\dfrac{4}{5}\right)$

㉕ 30　　　㉖ 28

㉗ $\dfrac{40}{3}\left(=13\dfrac{1}{3}\right)$　　　㉘ $\dfrac{13}{2}\left(=6\dfrac{1}{2}\right)$

㉙ $\dfrac{51}{2}\left(=25\dfrac{1}{2}\right)$　　　㉚ $\dfrac{34}{9}\left(=3\dfrac{7}{9}\right)$

㉛ $\dfrac{25}{2}\left(=12\dfrac{1}{2}\right)$　　　㉜ $\dfrac{69}{2}\left(=34\dfrac{1}{2}\right)$

㉝ $\dfrac{88}{7}\left(=12\dfrac{4}{7}\right)$　　　㉞ 32

㉟ 54　　　㊱ 49

㊲ $\dfrac{98}{3}\left(=32\dfrac{2}{3}\right)$　　　㊳ $\dfrac{55}{3}\left(=18\dfrac{1}{3}\right)$

㊴ 39　　　㊵ $\dfrac{25}{4}\left(=6\dfrac{1}{4}\right)$

㊶ $\dfrac{65}{4}\left(=16\dfrac{1}{4}\right)$　　　㊷ $\dfrac{21}{2}\left(=10\dfrac{1}{2}\right)$

05 분수와 자연수의 곱셈　16~18쪽

① 1　　　② $\dfrac{9}{4}\left(=2\dfrac{1}{4}\right)$

③ 5　　　④ $\dfrac{14}{3}\left(=4\dfrac{2}{3}\right)$

⑤ $\dfrac{11}{2}\left(=5\dfrac{1}{2}\right)$　　　⑥ $\dfrac{36}{5}\left(=7\dfrac{1}{5}\right)$

⑦ $\dfrac{45}{2}\left(=22\dfrac{1}{2}\right)$　　　⑧ $\dfrac{8}{3}\left(=2\dfrac{2}{3}\right)$

⑨ 18　　　⑩ $\dfrac{44}{5}\left(=8\dfrac{4}{5}\right)$

⑪ $\dfrac{50}{3}\left(=16\dfrac{2}{3}\right)$　　　⑫ $\dfrac{55}{4}\left(=13\dfrac{3}{4}\right)$

⑬ $\dfrac{62}{7}\left(=8\dfrac{6}{7}\right)$　　　⑭ $\dfrac{13}{2}\left(=6\dfrac{1}{2}\right)$

⑮ $\dfrac{3}{5}$　　　⑯ $\dfrac{25}{9}\left(=2\dfrac{7}{9}\right)$

⑰ 4　　　⑱ 6

⑲ $\dfrac{21}{4}\left(=5\dfrac{1}{4}\right)$　　　⑳ 27

㉑ $\dfrac{11}{2}\left(=5\dfrac{1}{2}\right)$　　　㉒ 16

㉓ 14　　　㉔ $\dfrac{14}{5}\left(=2\dfrac{4}{5}\right)$

㉕ $\dfrac{40}{3}\left(=13\dfrac{1}{3}\right)$　　　㉖ $\dfrac{13}{2}\left(=6\dfrac{1}{2}\right)$

㉗ $\dfrac{14}{3}\left(=4\dfrac{2}{3}\right)$　　　㉘ $\dfrac{10}{3}\left(=3\dfrac{1}{3}\right)$

㉙ $\dfrac{9}{2}\left(=4\dfrac{1}{2}\right)$　　　㉚ $\dfrac{14}{3}\left(=4\dfrac{2}{3}\right)$

㉛ $\dfrac{45}{2}\left(=22\dfrac{1}{2}\right)$　　　㉜ $\dfrac{61}{5}\left(=12\dfrac{1}{5}\right)$

㉝ $\dfrac{8}{3}\left(=2\dfrac{2}{3}\right)$　　　㉞ $\dfrac{45}{7}\left(=6\dfrac{3}{7}\right)$

㉟ $\dfrac{55}{4}\left(=13\dfrac{3}{4}\right)$　　　㊱ 10

㊲ $\dfrac{30}{7}\left(=4\dfrac{2}{7}\right)$ ㊳ $\dfrac{21}{8}\left(=2\dfrac{5}{8}\right)$

㊴ $\dfrac{44}{3}\left(=14\dfrac{2}{3}\right)$ ㊵ $\dfrac{45}{8}\left(=5\dfrac{5}{8}\right)$

㊶ $\dfrac{50}{3}\left(=16\dfrac{2}{3}\right)$ ㊷ $\dfrac{56}{3}\left(=18\dfrac{2}{3}\right)$

㊸ $\dfrac{84}{5}\left(=16\dfrac{4}{5}\right)$ ㊹ 63

㊺ $\dfrac{22}{3}\left(=7\dfrac{1}{3}\right)$

㊻ $\dfrac{77}{3}\left(=25\dfrac{2}{3}\right)$

곱셈의 원리 ● 계산 방법 이해

06 여러 가지 수 곱하기　19~20쪽

① $\dfrac{2}{3}$, $\dfrac{4}{3}\left(=1\dfrac{1}{3}\right)$, 2, $\dfrac{8}{3}\left(=2\dfrac{2}{3}\right)$, $\dfrac{10}{3}\left(=3\dfrac{1}{3}\right)$, 4, $\dfrac{14}{3}\left(=4\dfrac{2}{3}\right)$

② $\dfrac{3}{5}$, $\dfrac{6}{5}\left(=1\dfrac{1}{5}\right)$, $\dfrac{9}{5}\left(=1\dfrac{4}{5}\right)$, $\dfrac{12}{5}\left(=2\dfrac{2}{5}\right)$, 3, $\dfrac{18}{5}\left(=3\dfrac{3}{5}\right)$, $\dfrac{21}{5}\left(=4\dfrac{1}{5}\right)$

③ $\dfrac{3}{4}$, $\dfrac{3}{2}\left(=1\dfrac{1}{2}\right)$, $\dfrac{9}{4}\left(=2\dfrac{1}{4}\right)$, 3, $\dfrac{15}{4}\left(=3\dfrac{3}{4}\right)$, $\dfrac{9}{2}\left(=4\dfrac{1}{2}\right)$, $\dfrac{21}{4}\left(=5\dfrac{1}{4}\right)$

④ $\dfrac{5}{6}$, $\dfrac{5}{3}\left(=1\dfrac{2}{3}\right)$, $\dfrac{5}{2}\left(=2\dfrac{1}{2}\right)$, $\dfrac{10}{3}\left(=3\dfrac{1}{3}\right)$, $\dfrac{25}{6}\left(=4\dfrac{1}{6}\right)$, 5, $\dfrac{35}{6}\left(=5\dfrac{5}{6}\right)$

⑤ $\dfrac{2}{5}$, $\dfrac{4}{5}$, $\dfrac{6}{5}\left(=1\dfrac{1}{5}\right)$, $\dfrac{8}{5}\left(=1\dfrac{3}{5}\right)$, 2, $\dfrac{12}{5}\left(=2\dfrac{2}{5}\right)$, $\dfrac{14}{5}\left(=2\dfrac{4}{5}\right)$

⑥ $\dfrac{5}{8}$, $\dfrac{5}{4}\left(=1\dfrac{1}{4}\right)$, $\dfrac{15}{8}\left(=1\dfrac{7}{8}\right)$, $\dfrac{5}{2}\left(=2\dfrac{1}{2}\right)$, $\dfrac{25}{8}\left(=3\dfrac{1}{8}\right)$, $\dfrac{15}{4}\left(=3\dfrac{3}{4}\right)$, $\dfrac{35}{8}\left(=4\dfrac{3}{8}\right)$

⑦ $\dfrac{4}{9}$, $\dfrac{8}{9}$, $\dfrac{4}{3}\left(=1\dfrac{1}{3}\right)$, $\dfrac{16}{9}\left(=1\dfrac{7}{9}\right)$, $\dfrac{20}{9}\left(=2\dfrac{2}{9}\right)$, $\dfrac{8}{3}\left(=2\dfrac{2}{3}\right)$, $\dfrac{28}{9}\left(=3\dfrac{1}{9}\right)$

⑧ $\dfrac{7}{10}$, $\dfrac{7}{5}\left(=1\dfrac{2}{5}\right)$, $\dfrac{21}{10}\left(=2\dfrac{1}{10}\right)$, $\dfrac{14}{5}\left(=2\dfrac{4}{5}\right)$, $\dfrac{7}{2}\left(=3\dfrac{1}{2}\right)$, $\dfrac{21}{5}\left(=4\dfrac{1}{5}\right)$, $\dfrac{49}{10}\left(=4\dfrac{9}{10}\right)$

곱셈의 원리 ● 계산 원리 이해

07 두 가지 수 곱하기　21쪽

① 4, 10   ② $\dfrac{14}{5}\left(=2\dfrac{4}{5}\right)$, $\dfrac{34}{5}\left(=6\dfrac{4}{5}\right)$

③ 6, 14   ④ 5, 15

⑤ $\dfrac{2}{3}$, $\dfrac{17}{3}\left(=5\dfrac{2}{3}\right)$ ⑥ 3, 12

⑦ $\dfrac{3}{2}\left(=1\dfrac{1}{2}\right)$, $\dfrac{17}{2}\left(=8\dfrac{1}{2}\right)$ ⑧ 2, 14

⑨ 8, 19   ⑩ 12, 33

곱셈의 원리 ● 계산 원리 이해

2 단위분수의 곱셈

분자가 1인 분수끼리 곱하는 학습입니다. 분수끼리의 곱셈은 분모는 분모끼리, 분자는 분자끼리 곱하므로 단위분수끼리 곱하면 분자는 항상 1×1=1이 됩니다. 따라서 단위분수끼리의 곱셈에서는 분자 1은 그대로 두고 분모끼리만 곱한다는 것을 지도해 주세요.

01 수직선으로 곱의 크기 알아보기   24쪽

① $\frac{1}{4}$

② $\frac{1}{8}$

③ $\frac{1}{16}$

④ $\frac{1}{8}$

⑤ $\frac{1}{16}$

⑥ $\frac{1}{16}$

곱셈의 원리 ● 계산 원리 이해

02 단위분수의 곱셈   25~27쪽

① $\frac{1}{6}$ ② $\frac{1}{35}$

③ $\frac{1}{20}$ ④ $\frac{1}{24}$

⑤ $\frac{1}{49}$ ⑥ $\frac{1}{40}$

⑦ $\frac{1}{32}$ ⑧ $\frac{1}{27}$

⑨ $\frac{1}{81}$ ⑩ $\frac{1}{45}$

⑪ $\frac{1}{60}$ ⑫ $\frac{1}{42}$

⑬ $\frac{1}{55}$ ⑭ $\frac{1}{33}$

⑮ $\frac{1}{52}$ ⑯ $\frac{1}{30}$

⑰ $\frac{1}{15}$ ⑱ $\frac{1}{22}$

⑲ $\frac{1}{63}$ ⑳ $\frac{1}{40}$

㉑ $\frac{1}{24}$ ㉒ $\frac{1}{21}$

㉓ $\frac{1}{36}$ ㉔ $\frac{1}{64}$

㉕ $\frac{1}{45}$ ㉖ $\frac{1}{48}$

㉗ $\frac{1}{78}$ ㉘ $\frac{1}{24}$

㉙ $\frac{1}{50}$ ㉚ $\frac{1}{100}$

㉛ $\frac{1}{126}$ ㉜ $\frac{1}{84}$

㉝ $\frac{1}{36}$ ㉞ $\frac{1}{88}$

㉟ $\frac{1}{75}$ ㊱ $\frac{1}{75}$

㊲ $\frac{1}{80}$ ㊳ $\frac{1}{39}$

㊴ $\frac{1}{54}$ ㊵ $\frac{1}{72}$

㊶ $\frac{1}{12}$ ㊷ $\frac{1}{24}$

㊸ $\frac{1}{54}$ ㊹ $\frac{1}{56}$

㊺ $\frac{1}{72}$ ㊻ $\frac{1}{20}$

㊼ $\frac{1}{108}$ ㊽ $\frac{1}{63}$

곱셈의 원리 ● 계산 방법 이해

03 다르면서 같은 곱셈 28~29쪽

① $\dfrac{1}{12}, \dfrac{1}{12}, \dfrac{1}{12}$ ② $\dfrac{1}{20}, \dfrac{1}{20}, \dfrac{1}{20}$ ③ $\dfrac{1}{16}, \dfrac{1}{16}, \dfrac{1}{16}$

④ $\dfrac{1}{72}, \dfrac{1}{72}, \dfrac{1}{72}$ ⑤ $\dfrac{1}{48}, \dfrac{1}{48}, \dfrac{1}{48}$ ⑥ $\dfrac{1}{80}, \dfrac{1}{80}, \dfrac{1}{80}$

⑦ $\dfrac{1}{90}, \dfrac{1}{90}, \dfrac{1}{90}$ ⑧ $\dfrac{1}{36}, \dfrac{1}{36}, \dfrac{1}{4}$ ⑨ $\dfrac{1}{42}, \dfrac{1}{42}, \dfrac{1}{21}$

⑩ $\dfrac{1}{32}, \dfrac{1}{32}, \dfrac{1}{32}$ ⑪ $\dfrac{1}{50}, \dfrac{1}{50}, \dfrac{1}{50}$ ⑫ $\dfrac{1}{56}, \dfrac{1}{56}, \dfrac{1}{56}$

⑬ $\dfrac{1}{81}, \dfrac{1}{81}, \dfrac{1}{81}$ ⑭ $\dfrac{1}{30}, \dfrac{1}{30}, \dfrac{1}{30}$ ⑮ $\dfrac{1}{64}, \dfrac{1}{64}, \dfrac{1}{64}$

⑯ $\dfrac{1}{24}, \dfrac{1}{24}, \dfrac{1}{24}$ ⑰ $\dfrac{1}{48}, \dfrac{1}{48}, \dfrac{1}{16}$ ⑱ $\dfrac{1}{84}, \dfrac{1}{84}, \dfrac{1}{7}$

곱셈의 원리 ● 계산 원리 이해

04 단위분수의 곱 비교하기 30~31쪽

① $\dfrac{1}{4}, \dfrac{1}{8}$ ② $\dfrac{1}{14}, \dfrac{1}{42}$

③ $\dfrac{1}{9}, \dfrac{1}{36}$ ④ $\dfrac{1}{22}, \dfrac{1}{44}$

⑤ $\dfrac{1}{10}, \dfrac{1}{30}$ ⑥ $\dfrac{1}{26}, \dfrac{1}{52}$

⑦ $\dfrac{1}{24}, \dfrac{1}{72}$ ⑧ $\dfrac{1}{18}, \dfrac{1}{90}$

⑨ $\dfrac{1}{6}, \dfrac{1}{30}$ ⑩ $\dfrac{1}{25}, \dfrac{1}{100}$

⑪ $\dfrac{1}{20}, \dfrac{1}{60}$ ⑫ $\dfrac{1}{54}, \dfrac{1}{108}$

⑬ $\dfrac{1}{36}, \dfrac{1}{72}$ ⑭ $\dfrac{1}{42}, \dfrac{1}{168}$

⑮ $\dfrac{1}{50}, \dfrac{1}{350}$ ⑯ $\dfrac{1}{120}, \dfrac{1}{360}$

곱셈의 원리 ● 계산 원리 이해

05 계산하지 않고 크기 비교하기 32쪽

① > ② >

③ < ④ <

⑤ < ⑥ >

⑦ > ⑧ >

⑨ > ⑩ <

⑪ < ⑫ <

⑬ > ⑭ <

⑮ < ⑯ >

곱셈의 원리 ● 계산 원리 이해

06 묶어서 계산하기 33~34쪽

① $\dfrac{1}{60}, \dfrac{1}{60}$ ② $\dfrac{1}{36}, \dfrac{1}{36}$

③ $\dfrac{1}{80}, \dfrac{1}{80}$ ④ $\dfrac{1}{88}, \dfrac{1}{88}$

⑤ $\dfrac{1}{36}, \dfrac{1}{36}$ ⑥ $\dfrac{1}{40}, \dfrac{1}{40}$

⑦ $\dfrac{1}{42}, \dfrac{1}{42}$ ⑧ $\dfrac{1}{135}, \dfrac{1}{135}$

⑨ $\dfrac{1}{90}, \dfrac{1}{90}$ ⑩ $\dfrac{1}{48}, \dfrac{1}{48}$

⑪ $\dfrac{1}{50}, \dfrac{1}{50}$ ⑫ $\dfrac{1}{96}, \dfrac{1}{96}$

⑬ $\dfrac{1}{168}, \dfrac{1}{168}$ ⑭ $\dfrac{1}{180}, \dfrac{1}{180}$

⑮ $\dfrac{1}{60}, \dfrac{1}{60}$ ⑯ $\dfrac{1}{100}, \dfrac{1}{100}$

⑰ $\dfrac{1}{240}, \dfrac{1}{240}$ ⑱ $\dfrac{1}{180}, \dfrac{1}{180}$

⑲ $\dfrac{1}{480}, \dfrac{1}{480}$

곱셈의 성질 ● 결합법칙

결합법칙

결합법칙은 셋 이상의 연산에서 순서를 바꾸어 계산해도 그 결과가 같다는 법칙으로 +와 ×에서만 성립합니다. 초등 과정에서는 사칙연산만 다루지만 중고등 학습에서는 '임의의 연산'을 가정하여 연산의 범위를 확장하게 되는데 이때 결합법칙, 교환법칙 등의 성립여부로 '임의의 연산'을 정의합니다. 결합법칙의 뜻 자체는 어렵지 않지만 숙지하고 있지 않다면 문제에 능숙하게 적용하기 어려울 수 있으므로 쉬운 연산 학습에서부터 결합법칙을 경험하고 이해할 수 있게 해주세요.

07 편리한 방법으로 계산하기　35~36쪽

① $\dfrac{1}{7} \times \dfrac{1}{2} \times \dfrac{1}{3} = \dfrac{1}{42}$

$\dfrac{1}{6}$　$\dfrac{1}{42}$　14×3보다 7×6이 계산하기 편리해요.

② $\dfrac{1}{9} \times \dfrac{1}{5} \times \dfrac{1}{2} = \dfrac{1}{90}$

③ $\dfrac{1}{2} \times \dfrac{1}{9} \times \dfrac{1}{3} = \dfrac{1}{54}$

④ $\dfrac{1}{5} \times \dfrac{1}{11} \times \dfrac{1}{2} = \dfrac{1}{110}$

⑤ $\dfrac{1}{4} \times \dfrac{1}{2} \times \dfrac{1}{6} = \dfrac{1}{48}$

⑥ $\dfrac{1}{6} \times \dfrac{1}{3} \times \dfrac{1}{2} = \dfrac{1}{36}$

⑦ $\dfrac{1}{7} \times \dfrac{1}{15} \times \dfrac{1}{2} = \dfrac{1}{210}$

⑧ $\dfrac{1}{3} \times \dfrac{1}{4} \times \dfrac{1}{3} = \dfrac{1}{36}$

⑨ $\dfrac{1}{2} \times \dfrac{1}{8} \times \dfrac{1}{2} = \dfrac{1}{32}$

⑩ $\dfrac{1}{6} \times \dfrac{1}{5} \times \dfrac{1}{9} = \dfrac{1}{270}$

⑪ $\dfrac{1}{3} \times \dfrac{1}{5} \times \dfrac{1}{8} = \dfrac{1}{120}$

⑫ $\dfrac{1}{5} \times \dfrac{1}{12} \times \dfrac{1}{6} = \dfrac{1}{360}$

⑬ $\dfrac{1}{7} \times \dfrac{1}{2} \times \dfrac{1}{5} = \dfrac{1}{70}$

⑭ $\dfrac{1}{8} \times \dfrac{1}{4} \times \dfrac{1}{2} = \dfrac{1}{64}$

⑮ $\dfrac{1}{3} \times \dfrac{1}{3} \times \dfrac{1}{9} = \dfrac{1}{81}$

⑯ $\dfrac{1}{2} \times \dfrac{1}{6} \times \dfrac{1}{20} = \dfrac{1}{240}$

⑰ $\dfrac{1}{5} \times \dfrac{1}{3} \times \dfrac{1}{6} = \dfrac{1}{90}$

⑱ $\dfrac{1}{3} \times \dfrac{1}{2} \times \dfrac{1}{25} = \dfrac{1}{150}$

⑲ $\dfrac{1}{9} \times \dfrac{1}{4} \times \dfrac{1}{5} = \dfrac{1}{180}$

⑳ $\dfrac{1}{2} \times \dfrac{1}{18} \times \dfrac{1}{5} = \dfrac{1}{180}$

㉑ $\dfrac{1}{8} \times \dfrac{1}{5} \times \dfrac{1}{7} = \dfrac{1}{280}$

㉒ $\dfrac{1}{4} \times \dfrac{1}{6} \times \dfrac{1}{25} = \dfrac{1}{600}$

㉓ $\dfrac{1}{11} \times \dfrac{1}{2} \times \dfrac{1}{50} = \dfrac{1}{1100}$

㉔ $\dfrac{1}{9} \times \dfrac{1}{8} \times \dfrac{1}{125} = \dfrac{1}{9000}$

곱셈의 성질 ● 계산 순서 이해

08 분수를 곱셈으로 나타내기　37쪽

① 예 2, 4　② 예 3, 7

③ 예 4, 4　④ 예 3, 9

⑤ 예 6, 4　⑥ 예 2, 7

⑦ 예 2, 25　⑧ 예 6, 6

⑨ 예 5, 9　⑩ 예 9, 8

⑪ 예 3, 13　⑫ 예 8, 6

⑬ 예 7, 8　⑭ 예 6, 11

⑮ 예 14, 2　⑯ 예 6, 9

곱셈의 감각 ● 수의 조작

3 진분수, 가분수의 곱셈

분수의 곱셈에서 약분을 먼저 하고 곱셈을 하면 분모, 분자의 숫자가 작아져서 계산하기 편리합니다. 이후 분수의 나눗셈도 분수의 곱셈으로 고쳐서 계산하므로 분수의 곱셈을 충분히 연습하도록 합니다.

01 그림을 분수로 나타내기 40쪽

① $\dfrac{2}{9}$ 　　② $\dfrac{4}{9}$

③ $\dfrac{3}{10}$ 　　④ $\dfrac{2}{15}$

⑤ $\dfrac{3}{8}$ 　　⑥ $\dfrac{4}{15}$

⑦ $\dfrac{3}{20}$ 　　⑧ $\dfrac{9}{20}$

⑨ $\dfrac{4}{25}$ 　　⑩ $\dfrac{6}{25}$

곱셈의 원리 ● 계산 원리 이해

02 분수의 곱셈 방법 익히기 41쪽

① $2, 7 / \dfrac{4}{21}$ 　　② $1, 8 / \dfrac{3}{40}$

③ $7, 5 / \dfrac{21}{20}\left(=1\dfrac{1}{20}\right)$ 　　④ $5, 3 / \dfrac{25}{21}\left(=1\dfrac{4}{21}\right)$

⑤ $1, 4 / \dfrac{9}{8}\left(=1\dfrac{1}{8}\right)$ 　　⑥ $4, 3 / \dfrac{32}{15}\left(=2\dfrac{2}{15}\right)$

⑦ $6, 7 / \dfrac{36}{49}$ 　　⑧ $7, 8 / \dfrac{21}{16}\left(=1\dfrac{5}{16}\right)$

⑨ $4, 5 / \dfrac{32}{45}$ 　　⑩ $9, 5 / \dfrac{27}{40}$

⑪ $2, 3 / \dfrac{8}{33}$ 　　⑫ $3, 4 / \dfrac{27}{80}$

⑬ $5, 4 / \dfrac{85}{64}\left(=1\dfrac{21}{64}\right)$ 　　⑭ $8, 7 / \dfrac{80}{63}\left(=1\dfrac{17}{63}\right)$

곱셈의 원리 ● 계산 방법 이해

03 약분하여 계산하기 42~44쪽

① $\dfrac{1}{4}$ 　　② $\dfrac{1}{6}$

③ $\dfrac{5}{8}$ 　　④ $\dfrac{6}{7}$

⑤ $\dfrac{2}{15}$ 　　⑥ $\dfrac{15}{28}$

⑦ $\dfrac{14}{11}\left(=1\dfrac{3}{11}\right)$ 　　⑧ $\dfrac{4}{9}$

⑨ 6 　　⑩ $\dfrac{15}{28}$

⑪ $\dfrac{2}{9}$ 　　⑫ $\dfrac{54}{5}\left(=10\dfrac{4}{5}\right)$

⑬ $\dfrac{11}{40}$ 　　⑭ $\dfrac{3}{5}$

⑮ $\dfrac{4}{3}\left(=1\dfrac{1}{3}\right)$ 　　⑯ $\dfrac{5}{26}$

⑰ $\dfrac{1}{5}$ 　　⑱ $\dfrac{5}{12}$

⑲ $\dfrac{21}{10}\left(=2\dfrac{1}{10}\right)$ 　　⑳ 1

㉑ $\dfrac{1}{6}$ 　　㉒ 6

㉓ $\dfrac{1}{20}$ 　　㉔ $\dfrac{1}{5}$

㉕ $\dfrac{16}{21}$ 　　㉖ $\dfrac{16}{11}\left(=1\dfrac{5}{11}\right)$

㉗ $\dfrac{10}{21}$ 　　㉘ $\dfrac{5}{32}$

㉙ $\dfrac{9}{8}\left(=1\dfrac{1}{8}\right)$ 　　㉚ $\dfrac{4}{5}$

㉛ $\dfrac{14}{3}\left(=4\dfrac{2}{3}\right)$ 　　㉜ $\dfrac{32}{65}$

㉝ 2 　　㉞ $\dfrac{7}{4}\left(=1\dfrac{3}{4}\right)$

㉟ $\dfrac{14}{15}$ 　　㊱ $\dfrac{6}{5}\left(=1\dfrac{1}{5}\right)$

㊲ $\dfrac{5}{28}$ 　　㊳ $\dfrac{13}{24}$

㊴ $\dfrac{27}{7}\left(=3\dfrac{6}{7}\right)$ 　　㊵ $\dfrac{4}{3}\left(=1\dfrac{1}{3}\right)$

㊶ $\dfrac{3}{2}\left(=1\dfrac{1}{2}\right)$ 　　㊷ $\dfrac{35}{18}\left(=1\dfrac{17}{18}\right)$

㊸ $\dfrac{6}{25}$ 　　㊹ $\dfrac{27}{32}$

㊺ $\dfrac{7}{4}\left(=1\dfrac{3}{4}\right)$

㊶ $\frac{13}{36}$ ㊷ $\frac{8}{7}\left(=1\frac{1}{7}\right)$

㊸ $\frac{34}{13}\left(=2\frac{8}{13}\right)$ ㊹ 12

㊺ $\frac{25}{16}\left(=1\frac{9}{16}\right)$ ㊻ $\frac{9}{14}$

㊼ $\frac{7}{30}$ ㊽ $\frac{35}{18}\left(=1\frac{17}{18}\right)$

04 분수의 곱셈   45~47쪽

① $\frac{1}{7}$ ② $\frac{8}{5}\left(=1\frac{3}{5}\right)$

③ $\frac{12}{35}$ ④ $\frac{15}{8}\left(=1\frac{7}{8}\right)$

⑤ $\frac{2}{11}$ ⑥ $\frac{14}{13}\left(=1\frac{1}{13}\right)$

⑦ $\frac{1}{10}$ ⑧ $\frac{15}{4}\left(=3\frac{3}{4}\right)$

⑨ $\frac{4}{15}$ ⑩ $\frac{22}{5}\left(=4\frac{2}{5}\right)$

⑪ $\frac{21}{40}$ ⑫ $\frac{26}{9}\left(=2\frac{8}{9}\right)$

⑬ $\frac{2}{9}$ ⑭ $\frac{27}{2}\left(=13\frac{1}{2}\right)$

⑮ $\frac{7}{36}$ ⑯ $\frac{45}{14}\left(=3\frac{3}{14}\right)$

⑰ $\frac{7}{10}$ ⑱ $\frac{21}{5}\left(=4\frac{1}{5}\right)$

⑲ $\frac{8}{21}$ ⑳ $\frac{15}{8}\left(=1\frac{7}{8}\right)$

㉑ $\frac{32}{15}\left(=2\frac{2}{15}\right)$ ㉒ $\frac{65}{32}\left(=2\frac{1}{32}\right)$

㉓ $\frac{56}{27}\left(=2\frac{2}{27}\right)$ ㉔ $\frac{7}{15}$

㉕ $\frac{81}{10}\left(=8\frac{1}{10}\right)$ ㉖ $\frac{7}{9}$

㉗ $\frac{8}{5}\left(=1\frac{3}{5}\right)$ ㉘ $\frac{21}{16}\left(=1\frac{5}{16}\right)$

㉙ $\frac{14}{3}\left(=4\frac{2}{3}\right)$ ㉚ $\frac{16}{9}\left(=1\frac{7}{9}\right)$

㉛ $\frac{8}{45}$ ㉜ $\frac{30}{7}\left(=4\frac{2}{7}\right)$

㉝ $\frac{7}{18}$ ㉞ $\frac{45}{32}\left(=1\frac{13}{32}\right)$

㉟ $\frac{16}{15}\left(=1\frac{1}{15}\right)$ ㊱ $\frac{21}{40}$

㊲ $\frac{3}{20}$ ㊳ $\frac{7}{24}$

05 세 분수의 곱셈   48~50쪽

① $\frac{1}{2}$ ② $\frac{1}{7}$

③ $\frac{5}{16}$ ④ $\frac{4}{81}$

⑤ $\frac{1}{5}$ ⑥ $\frac{1}{3}$

⑦ $\frac{3}{8}$ ⑧ $\frac{21}{25}$

⑨ $\frac{55}{36}\left(=1\frac{19}{36}\right)$ ⑩ $\frac{4}{3}\left(=1\frac{1}{3}\right)$

⑪ $\frac{25}{64}$ ⑫ $\frac{10}{3}\left(=3\frac{1}{3}\right)$

⑬ $\frac{16}{35}$ ⑭ $\frac{1}{12}$

⑮ $\frac{1}{12}$ ⑯ $\frac{15}{16}$

⑰ $\frac{4}{35}$ ⑱ $\frac{3}{8}$

⑲ $\frac{7}{48}$ ⑳ $\frac{3}{2}\left(=1\frac{1}{2}\right)$

㉑ $\frac{9}{100}$ ㉒ $\frac{39}{16}\left(=2\frac{7}{16}\right)$

㉓ 21   ㉔ $\frac{1}{12}$

㉕ $\frac{1}{24}$ ㉖ $\frac{3}{4}$

㉗ $\frac{5}{2}\left(=2\frac{1}{2}\right)$ ㉘ $\frac{3}{2}\left(=1\frac{1}{2}\right)$

㉙ $\frac{12}{25}$ ㉚ $\frac{5}{8}$

㉛ $\frac{1}{14}$

㉜ $\frac{3}{10}$

㉝ $\frac{4}{15}$

㉞ $\frac{2}{5}$

㉟ $\frac{2}{7}$

㊱ $\frac{3}{20}$

㊲ $\frac{2}{3}$

㊳ $\frac{10}{27}$

㊴ $\frac{9}{5}(=1\frac{4}{5})$

㊵ 3

㊶ $\frac{3}{10}$

㊷ $\frac{7}{40}$

㊸ $\frac{5}{4}(=1\frac{1}{4})$

㊹ $\frac{16}{3}(=5\frac{1}{3})$

㊺ $\frac{12}{5}(=2\frac{2}{5})$

㊻ 5

㊼ $\frac{14}{9}(=1\frac{5}{9})$

㊽ $\frac{5}{9}$

곱셈의 원리 ● 계산 방법 이해

06 여러 가지 수 곱하기 51~52쪽

① $\frac{1}{4}$, $\frac{1}{2}$, $\frac{3}{4}$, 1, $\frac{5}{4}(=1\frac{1}{4})$, $\frac{3}{2}(=1\frac{1}{2})$

② $\frac{1}{6}$, $\frac{1}{3}$, $\frac{1}{2}$, $\frac{2}{3}$, $\frac{5}{6}$, 1

③ $\frac{2}{7}$, $\frac{4}{7}$, $\frac{6}{7}$, $\frac{8}{7}(=1\frac{1}{7})$, $\frac{10}{7}(=1\frac{3}{7})$, $\frac{12}{7}(=1\frac{5}{7})$

④ $\frac{1}{8}$, $\frac{1}{4}$, $\frac{3}{8}$, $\frac{1}{2}$, $\frac{5}{8}$, $\frac{3}{4}$

⑤ $\frac{1}{10}$, $\frac{1}{5}$, $\frac{3}{10}$, $\frac{2}{5}$, $\frac{1}{2}$, $\frac{3}{5}$

⑥ $\frac{1}{12}$, $\frac{1}{6}$, $\frac{1}{4}$, $\frac{1}{3}$, $\frac{5}{12}$, $\frac{1}{2}$

⑦ $\frac{3}{10}$, $\frac{3}{5}$, $\frac{9}{10}$, $\frac{6}{5}(=1\frac{1}{5})$, $\frac{3}{2}(=1\frac{1}{2})$, $\frac{9}{5}(=1\frac{4}{5})$

⑧ $\frac{2}{15}$, $\frac{4}{15}$, $\frac{2}{5}$, $\frac{8}{15}$, $\frac{2}{3}$, $\frac{4}{5}$

곱셈의 원리 ● 계산 원리 이해

07 계산하지 않고 크기 비교하기 53쪽

① >, <

② >, <

③ >, <

④ =, <

⑤ <, >

⑥ >, <

⑦ <, >

⑧ >, <

⑨ <, >

⑩ =, <

곱셈의 원리 ● 계산 원리 이해

08 묶어서 계산하기 54~55쪽

① $\frac{2}{5}$, $\frac{2}{5}$

② $\frac{4}{9}$, $\frac{4}{9}$

③ $\frac{4}{21}$, $\frac{4}{21}$

④ $\frac{1}{24}$, $\frac{1}{24}$

⑤ $\frac{5}{9}$, $\frac{5}{9}$

⑥ $\frac{9}{40}$, $\frac{9}{40}$

⑦ $\frac{35}{18}(=1\frac{17}{18})$, $\frac{35}{18}(=1\frac{17}{18})$

⑧ $\frac{1}{6}$, $\frac{1}{6}$

⑨ $\frac{27}{140}$, $\frac{27}{140}$

⑩ $\frac{4}{3}(=1\frac{1}{3})$, $\frac{4}{3}(=1\frac{1}{3})$

⑪ $\frac{2}{5}$, $\frac{2}{5}$

⑫ $\frac{7}{12}$, $\frac{7}{12}$

⑬ $\frac{9}{7}(=1\frac{2}{7})$, $\frac{9}{7}(=1\frac{2}{7})$

⑭ $\frac{7}{15}$, $\frac{7}{15}$

⑮ $\frac{27}{16}(=1\frac{11}{16})$, $\frac{27}{16}(=1\frac{11}{16})$

⑯ $\frac{8}{35}$, $\frac{8}{35}$

⑰ $\frac{5}{2}(=2\frac{1}{2})$, $\frac{5}{2}(=2\frac{1}{2})$

⑱ $\frac{1}{13}$, $\frac{1}{13}$

⑲ $\frac{1}{2}$, $\frac{1}{2}$

⑳ $\frac{15}{4}(=3\frac{3}{4})$, $\frac{15}{4}(=3\frac{3}{4})$

곱셈의 성질 ● 결합법칙

09 1이 되는 곱셈 56쪽

① 1　　　　　② 1

③ 1　　　　　④ 1

⑤ 1　　　　　⑥ 1

⑦ 1　　　　　⑧ 1

⑨ $\dfrac{4}{7}$　　　　⑩ $\dfrac{5}{8}$

⑪ $\dfrac{8}{11}$　　　⑫ $\dfrac{7}{12}$

⑬ $\dfrac{13}{33}$　　　⑭ $\dfrac{8}{25}$

곱셈의 성질 ● 역원

역원

역원은 어떤 수에 대해 연산을 한 결과가 항등원이 되도록 만들어 주는 수를 뜻합니다. 예를 들어 $a+b=b+a=0$이면 b는 a의 덧셈에 대한 역원이고, $a \times b=b \times a=1$이면 b는 a의 곱셈에 대한 역원입니다. 역원이라는 용어는 항등원과 함께 고등에서 다뤄지지만 중등에서 '역수'를 다루면서 자연스럽게 그 개념을 배우게 됩니다. 디딤돌 연산에서는 '0이 되는 덧셈', '1이 되는 곱셈'을 통해 초등 단계부터 역원의 개념을 경험할 수 있도록 하였습니다.

10 곱셈식 완성하기 57쪽

① $\dfrac{1}{3}$　　　　② $\dfrac{3}{4}$

③ $\dfrac{7}{5}$　　　　④ $\dfrac{2}{5}$

⑤ $\dfrac{3}{5}$　　　　⑥ $\dfrac{2}{11}$

⑦ $\dfrac{4}{7}$　　　　⑧ $\dfrac{9}{8}$

⑨ 2　　　　　⑩ 11

⑪ 4　　　　　⑫ 8

⑬ 9　　　　　⑭ 10

⑮ 14　　　　⑯ 15

곱셈의 성질 ● 등식

4 대분수의 곱셈

대분수는 (자연수)+(진분수)로 이루어진 분수입니다. 따라서 곱셈을 할 때는 반드시 가분수로 고쳐서 계산해야 합니다. 분배법칙을 이용하여 자연수와 진분수에 각각 곱하여 더할 수도 있지만 초등 과정에서는 분배법칙을 배우지 않으므로 가분수로 고쳐서 계산할 수 있도록 지도해 주세요. 계산 결과가 가분수인 경우는 대분수로 나타내도록 하지만 가분수로 답을 쓴 경우도 정답으로 인정합니다.

01 가분수로 바꾸어 계산하기 60~62쪽

① $\dfrac{7}{4}$, $\dfrac{7}{16}$　　② $\dfrac{8}{7}$, $\dfrac{16}{21}$

③ $\dfrac{6}{5}$, $\dfrac{12}{25}$　　④ $\dfrac{9}{2}$, $\dfrac{9}{16}$

⑤ $\dfrac{7}{3}$, $\dfrac{7}{12}$　　⑥ $\dfrac{5}{4}$, $\dfrac{5}{24}$

⑦ $\dfrac{13}{9}$, $\dfrac{26}{81}$　　⑧ $\dfrac{9}{7}$, $\dfrac{18}{35}$

⑨ $\dfrac{3}{2}$, $\dfrac{9}{14}$　　⑩ $\dfrac{7}{5}$, $\dfrac{21}{40}$

⑪ $\dfrac{7}{4}$, $\dfrac{7}{20}$　　⑫ $\dfrac{5}{3}$, $\dfrac{10}{21}$

⑬ $\dfrac{11}{5}$, $\dfrac{22}{35}$　　⑭ $\dfrac{9}{8}$, $\dfrac{45}{64}$

⑮ $\dfrac{8}{3}$, $\dfrac{16}{33}$　　⑯ $\dfrac{10}{7}$, $\dfrac{50}{91}$

⑰ $\dfrac{11}{5}$, $\dfrac{4}{3}$, $\dfrac{44}{15}$, $2\dfrac{14}{15}$

⑱ $\dfrac{3}{2}$, $\dfrac{3}{2}$, $\dfrac{9}{4}$, $2\dfrac{1}{4}$

⑲ $\dfrac{5}{4}$, $\dfrac{5}{2}$, $\dfrac{25}{8}$, $3\dfrac{1}{8}$

⑳ $\dfrac{7}{5}$, $\dfrac{7}{4}$, $\dfrac{49}{20}$, $2\dfrac{9}{20}$

㉑ $\dfrac{11}{10}$, $\dfrac{9}{5}$, $\dfrac{99}{50}$, $1\dfrac{49}{50}$

㉒ $\dfrac{7}{3}$, $\dfrac{7}{2}$, $\dfrac{49}{6}$, $8\dfrac{1}{6}$

㉓ $\dfrac{7}{6}$, $\dfrac{11}{8}$, $\dfrac{77}{48}$, $1\dfrac{29}{48}$

㉔ $\dfrac{13}{9}$, $\dfrac{4}{3}$, $\dfrac{52}{27}$, $1\dfrac{25}{27}$

㉕ $\dfrac{11}{3}$, $\dfrac{5}{2}$, $\dfrac{55}{6}$, $9\dfrac{1}{6}$

㉖ $\frac{8}{5}, \frac{8}{7}, \frac{64}{35}, 1\frac{29}{35}$

㉗ $\frac{15}{14}, \frac{3}{2}, \frac{45}{28}, 1\frac{17}{28}$

㉘ $\frac{9}{4}, \frac{7}{5}, \frac{63}{20}, 3\frac{3}{20}$

㉙ $\frac{8}{3}, \frac{8}{3}, \frac{64}{9}, 7\frac{1}{9}$

㉚ $\frac{5}{4}, \frac{13}{12}, \frac{65}{48}, 1\frac{17}{48}$

㉛ $\frac{15}{13}, \frac{3}{2}, \frac{45}{26}, 1\frac{19}{26}$

㉜ $\frac{11}{9}, \frac{7}{4}, \frac{77}{36}, 2\frac{5}{36}$

곱셈의 원리 ● 계산 방법 이해

02 대분수의 곱셈
63~65쪽

① $\frac{4}{3}\left(=1\frac{1}{3}\right)$

② $\frac{7}{4}\left(=1\frac{3}{4}\right)$

③ $\frac{9}{5}\left(=1\frac{4}{5}\right)$

④ $\frac{6}{5}\left(=1\frac{1}{5}\right)$

⑤ $\frac{5}{4}\left(=1\frac{1}{4}\right)$

⑥ $\frac{13}{8}\left(=1\frac{5}{8}\right)$

⑦ $\frac{13}{10}\left(=1\frac{3}{10}\right)$

⑧ $\frac{14}{15}$

⑨ $\frac{14}{9}\left(=1\frac{5}{9}\right)$

⑩ $\frac{10}{9}\left(=1\frac{1}{9}\right)$

⑪ $\frac{3}{2}\left(=1\frac{1}{2}\right)$

⑫ $\frac{10}{3}\left(=3\frac{1}{3}\right)$

⑬ $\frac{2}{3}$

⑭ $\frac{10}{3}\left(=3\frac{1}{3}\right)$

⑮ 6

⑯ 7

⑰ 2

⑱ $\frac{5}{2}\left(=2\frac{1}{2}\right)$

⑲ $\frac{13}{5}\left(=2\frac{3}{5}\right)$

⑳ $\frac{39}{4}\left(=9\frac{3}{4}\right)$

㉑ $\frac{20}{3}\left(=6\frac{2}{3}\right)$

㉒ $\frac{21}{10}\left(=2\frac{1}{10}\right)$

㉓ $\frac{20}{9}\left(=2\frac{2}{9}\right)$

㉔ $\frac{15}{7}\left(=2\frac{1}{7}\right)$

㉕ 4

㉖ $\frac{7}{5}\left(=1\frac{2}{5}\right)$

㉗ $\frac{13}{11}\left(=1\frac{2}{11}\right)$

㉘ $\frac{42}{5}\left(=8\frac{2}{5}\right)$

㉙ 4

㉚ $\frac{14}{5}\left(=2\frac{4}{5}\right)$

㉛ $\frac{14}{15}$

㉜ $\frac{14}{5}\left(=2\frac{4}{5}\right)$

㉝ $\frac{11}{16}$

㉞ $\frac{16}{9}\left(=1\frac{7}{9}\right)$

㉟ $\frac{20}{3}\left(=6\frac{2}{3}\right)$

㊱ $\frac{17}{6}\left(=2\frac{5}{6}\right)$

㊲ $\frac{27}{8}\left(=3\frac{3}{8}\right)$

㊳ 8

㊴ $\frac{34}{9}\left(=3\frac{7}{9}\right)$

㊵ $\frac{7}{6}\left(=1\frac{1}{6}\right)$

㊶ $\frac{15}{28}$

㊷ $\frac{24}{5}\left(=4\frac{4}{5}\right)$

㊸ $\frac{56}{5}\left(=11\frac{1}{5}\right)$

㊹ $\frac{52}{45}\left(=1\frac{7}{45}\right)$

㊺ $\frac{40}{7}\left(=5\frac{5}{7}\right)$

㊻ $\frac{14}{3}\left(=4\frac{2}{3}\right)$

곱셈의 원리 ● 계산 방법 이해

03 세 분수의 곱셈
66~68쪽

① $\frac{15}{28}$

② $\frac{7}{12}$

③ $\frac{7}{15}$

④ $\frac{14}{45}$

⑤ $\frac{20}{63}$

⑥ $\frac{25}{24}\left(=1\frac{1}{24}\right)$

⑦ $\frac{9}{8}\left(=1\frac{1}{8}\right)$

⑧ $\frac{4}{3}\left(=1\frac{1}{3}\right)$

⑨ $\frac{16}{5}\left(=3\frac{1}{5}\right)$

⑩ $\frac{13}{5}\left(=2\frac{3}{5}\right)$

⑪ $\frac{7}{4}\left(=1\frac{3}{4}\right)$

⑫ $\frac{4}{3}\left(=1\frac{1}{3}\right)$

⑬ $\frac{9}{4}\left(=2\frac{1}{4}\right)$

⑭ $\frac{6}{7}$

⑮ $\frac{7}{2}\left(=3\frac{1}{2}\right)$

⑯ $\frac{25}{2}\left(=12\frac{1}{2}\right)$

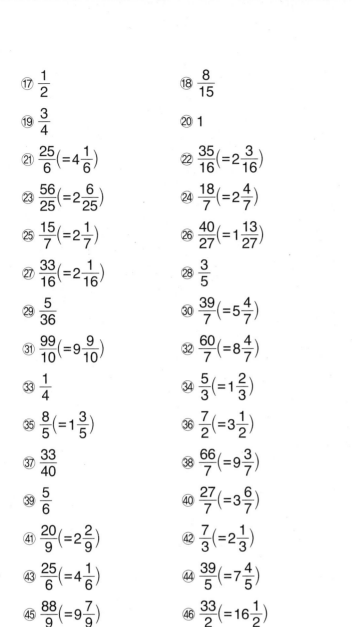

⑰ $\dfrac{1}{2}$ ⑱ $\dfrac{8}{15}$

⑲ $\dfrac{3}{4}$ ⑳ 1

㉑ $\dfrac{25}{6}\left(=4\dfrac{1}{6}\right)$ ㉒ $\dfrac{35}{16}\left(=2\dfrac{3}{16}\right)$

㉓ $\dfrac{56}{25}\left(=2\dfrac{6}{25}\right)$ ㉔ $\dfrac{18}{7}\left(=2\dfrac{4}{7}\right)$

㉕ $\dfrac{15}{7}\left(=2\dfrac{1}{7}\right)$ ㉖ $\dfrac{40}{27}\left(=1\dfrac{13}{27}\right)$

㉗ $\dfrac{33}{16}\left(=2\dfrac{1}{16}\right)$ ㉘ $\dfrac{3}{5}$

㉙ $\dfrac{5}{36}$ ㉚ $\dfrac{39}{7}\left(=5\dfrac{4}{7}\right)$

㉛ $\dfrac{99}{10}\left(=9\dfrac{9}{10}\right)$ ㉜ $\dfrac{60}{7}\left(=8\dfrac{4}{7}\right)$

㉝ $\dfrac{1}{4}$ ㉞ $\dfrac{5}{3}\left(=1\dfrac{2}{3}\right)$

㉟ $\dfrac{8}{5}\left(=1\dfrac{3}{5}\right)$ ㊱ $\dfrac{7}{2}\left(=3\dfrac{1}{2}\right)$

㊲ $\dfrac{33}{40}$ ㊳ $\dfrac{66}{7}\left(=9\dfrac{3}{7}\right)$

㊴ $\dfrac{5}{6}$ ㊵ $\dfrac{27}{7}\left(=3\dfrac{6}{7}\right)$

㊶ $\dfrac{20}{9}\left(=2\dfrac{2}{9}\right)$ ㊷ $\dfrac{7}{3}\left(=2\dfrac{1}{3}\right)$

㊸ $\dfrac{25}{6}\left(=4\dfrac{1}{6}\right)$ ㊹ $\dfrac{39}{5}\left(=7\dfrac{4}{5}\right)$

㊺ $\dfrac{88}{9}\left(=9\dfrac{7}{9}\right)$ ㊻ $\dfrac{33}{2}\left(=16\dfrac{1}{2}\right)$

㊼ 5   ㊽ 11

곱셈의 원리 ● 계산 방법 이해

04 두 가지 수 곱하기

① $\dfrac{6}{7}$, $\dfrac{16}{7}\left(=2\dfrac{2}{7}\right)$ ② $\dfrac{16}{9}\left(=1\dfrac{7}{9}\right)$, $\dfrac{40}{9}\left(=4\dfrac{4}{9}\right)$

③ $\dfrac{4}{3}\left(=1\dfrac{1}{3}\right)$, 4   ④ $\dfrac{6}{5}\left(=1\dfrac{1}{5}\right)$, $\dfrac{14}{5}\left(=2\dfrac{4}{5}\right)$

⑤ $\dfrac{4}{5}$, 2   ⑥ $\dfrac{1}{3}$, $\dfrac{5}{3}\left(=1\dfrac{2}{3}\right)$

⑦ $\dfrac{5}{9}$, 1   ⑧ 3, $\dfrac{19}{5}\left(=3\dfrac{4}{5}\right)$

⑨ 4, $\dfrac{13}{2}\left(=6\dfrac{1}{2}\right)$ ⑩ 2, $\dfrac{23}{7}\left(=3\dfrac{2}{7}\right)$

⑪ $\dfrac{1}{4}$, $\dfrac{11}{8}\left(=1\dfrac{3}{8}\right)$ ⑫ $\dfrac{5}{6}$, $\dfrac{3}{2}\left(=1\dfrac{1}{2}\right)$

⑬ $\dfrac{1}{7}$, 2   ⑭ $\dfrac{5}{8}$, $\dfrac{7}{4}\left(=1\dfrac{3}{4}\right)$

⑮ $\dfrac{3}{8}$, $\dfrac{5}{8}$ ⑯ $\dfrac{1}{2}$, $\dfrac{13}{4}\left(=3\dfrac{1}{4}\right)$

⑰ $\dfrac{2}{3}$, 2   ⑱ $\dfrac{3}{10}$, $\dfrac{9}{5}\left(=1\dfrac{4}{5}\right)$

⑲ $\dfrac{35}{24}\left(=1\dfrac{11}{24}\right)$, $\dfrac{21}{8}\left(=2\dfrac{5}{8}\right)$ ⑳ 1, $\dfrac{35}{18}\left(=1\dfrac{17}{18}\right)$

곱셈의 원리 ● 계산 원리 이해

05 계산하지 않고 크기 비교하기

① >, <   ② <, >

③ >, >   ④ >, <

⑤ >, =   ⑥ <, >

⑦ >, <   ⑧ > ,<

⑨ <, >   ⑩ =, >

곱셈의 원리 ● 계산 원리 이해

06 곱해서 더해 보기

72~73쪽

① $\frac{2}{5}$, $\frac{1}{5}$, $\frac{3}{5}$

② $\frac{3}{7}$, $\frac{2}{7}$, $\frac{5}{7}$

③ $\frac{2}{3}$, $\frac{1}{3}$, 1

④ $\frac{5}{12}$, $\frac{1}{6}$, $\frac{7}{12}$

⑤ $2\frac{2}{5}$, $\frac{4}{5}$, $\frac{16}{5}(=3\frac{1}{5})$

⑥ $1\frac{5}{9}$, $\frac{4}{9}$, 2

⑦ $\frac{4}{9}$, $\frac{1}{9}$, $\frac{5}{9}$

⑧ $\frac{3}{5}$, $\frac{1}{5}$, $\frac{4}{5}$

⑨ $\frac{6}{7}$, $\frac{3}{7}$, $\frac{9}{7}(=1\frac{2}{7})$

⑩ $\frac{3}{8}$, $\frac{1}{4}$, $\frac{5}{8}$

⑪ $1\frac{3}{4}$, $\frac{1}{4}$, 2

곱셈의 성질 ● 분배법칙

분배법칙
분배법칙은 두 수의 합에 어떤 수를 곱한 것이 각각 곱한 것을 더한 것과 같다는 법칙입니다.
→ $a \times (b+c) = a \times b + a \times c$, $(a+b) \times c = a \times c + b \times c$
교환법칙, 결합법칙과 함께 중등 과정에서 배우지만 초등 연산 학습에서 부터 분배법칙의 성질을 경험해 볼 수 있도록 수준을 낮춘 문제로 구성하였습니다.

07 1이 되는 곱셈

74쪽

① 5

② 3

③ 4

④ 7

⑤ 8

⑥ 11

⑦ 10

⑧ 17

⑨ $\frac{13}{16}$

⑩ $\frac{21}{25}$

⑪ $\frac{5}{22}$

⑫ $\frac{35}{41}$

⑬ $\frac{8}{15}$

⑭ $\frac{3}{17}$

곱셈의 성질 ● 역원

08 곱셈식 완성하기

75쪽

① 4

② 6

③ 12

④ 15

⑤ 14

⑥ 15

⑦ 20

⑧ 33

⑨ $\frac{12}{7}$

⑩ $\frac{6}{11}$

⑪ $\frac{8}{9}$

⑫ $\frac{30}{13}$

⑬ $\frac{3}{26}$

⑭ $\frac{2}{21}$

⑮ $\frac{7}{16}$

⑯ $\frac{11}{39}$

곱셈의 성질 ● 등식

5 분수와 소수

실생활에서는 분수보다 소수를 더 많이 사용하지만 수학적으로는 분수가 소수보다 더 정확하고 유용합니다. 분수를 소수로 나타낼 때 분자를 분모로 나누어 구하는 방법도 있으나 이번 학습에서는 분수를 분모가 10, 100, 1000인 분수로 만들어 소수로 나타내도록 합니다.

01 분수와 소수로 나타내기   78~79쪽

① $\frac{1}{10}$, 0.1

② $\frac{9}{100}$, 0.09

③ $\frac{3}{10}$, 0.3

④ $\frac{7}{100}$, 0.07

⑤ $\frac{7}{10}$, 0.7

⑥ $\frac{23}{100}$, 0.23

⑦ $\frac{51}{100}$, 0.51

⑧ $\frac{97}{100}$, 0.97

⑨ $\frac{1}{2}\left(=\frac{5}{10}\right)$, 0.5

⑩ $\frac{1}{5}\left(=\frac{20}{100}\right)$, 0.2

⑪ $\frac{2}{5}\left(=\frac{4}{10}\right)$, 0.4

⑫ $\frac{4}{5}\left(=\frac{80}{100}\right)$, 0.8

⑬ $\frac{3}{5}\left(=\frac{6}{10}\right)$, 0.6

⑭ $\frac{1}{4}\left(=\frac{25}{100}\right)$, 0.25

⑮ $\frac{1}{20}\left(=\frac{5}{100}\right)$, 0.05

⑯ $\frac{3}{4}\left(=\frac{75}{100}\right)$, 0.75

수의 원리 ● 원리 이해

분수와 소수

분수와 소수는 표현 형태가 다를 뿐 같은 수를 나타내지만 소수의 역사는 분수보다 3000년이나 짧습니다. 또 소수는 항상 분수로 정확하게 나타낼 수 있지만 $\frac{1}{3}$과 같은 분수는 소수로 정확하게 나타낼 수 없습니다. 수학적으로 분수가 소수보다 더 정확하므로 중등 학습에서는 분수를 더 많이 다루게 됩니다.

02 분수를 소수로 나타내는 방법 익히기   80~81쪽

① 8, 0.8

② 75, 0.75

③ 5, 0.5

④ 35, 0.35

⑤ 555, 0.555

⑥ 6, 0.6

⑦ $\frac{2}{10}$, 0.2

⑧ $\frac{8}{100}$, 0.08

⑨ $\frac{65}{100}$, 0.65

⑩ $\frac{18}{100}$, 0.18

⑪ $\frac{25}{100}$, 0.25

⑫ $\frac{625}{1000}$, 0.625

⑬ $\frac{16}{1000}$, 0.016

⑭ $\frac{26}{10}$, 2.6

⑮ 4, 3.4

⑯ 2, 2.02

⑰ 2, 1.2

⑱ 25, 1.25

⑲ 45, 2.45

⑳ 32, 3.32

㉑ $\frac{5}{10}$, 1.5

㉒ $\frac{75}{100}$, 2.75

㉓ $\frac{46}{100}$, 1.46

㉔ $\frac{6}{10}$, 3.6

㉕ $\frac{48}{1000}$, 2.048

㉖ $\frac{875}{1000}$, 1.875

㉗ $\frac{16}{100}$, 1.16

㉘ $\frac{225}{1000}$, 1.225

수의 원리 ● 방법 이해

03 분수를 소수로 나타내기 82~84쪽

① 0.2　　　　　　　② 0.04
③ 0.125　　　　　　④ 0.02
⑤ 0.05　　　　　　　⑥ 0.025
⑦ 0.008　　　　　　⑧ 0.004
⑨ 0.002　　　　　　⑩ 0.005
⑪ 0.001　　　　　　⑫ 0.0001
⑬ 0.4　　　　　　　⑭ 0.75
⑮ 0.14　　　　　　　⑯ 0.225
⑰ 0.13　　　　　　　⑱ 0.024
⑲ 0.5　　　　　　　⑳ 0.25
㉑ 0.8　　　　　　　㉒ 0.375
㉓ 0.35　　　　　　　㉔ 0.16
㉕ 0.18　　　　　　　㉖ 0.875
㉗ 0.28　　　　　　　㉘ 0.55
㉙ 0.625　　　　　　㉚ 0.006
㉛ 0.064　　　　　　㉜ 0.164
㉝ 0.325　　　　　　㉞ 0.88
㉟ 0.505　　　　　　㊱ 0.85
㊲ 1.75　　　　　　　㊳ 1.6
㊴ 4.5　　　　　　　㊵ 1.34
㊶ 1.5　　　　　　　㊷ 1.02
㊸ 4.15　　　　　　　㊹ 4.36
㊺ 5.8　　　　　　　㊻ 1.375
㊼ 1.25　　　　　　　㊽ 2.625
㊾ 2.775　　　　　　㊿ 1.088
　　　　　　　　　　　51 3.48
　　　　　　　　　　　52 1.092

수의 원리 ● 방법 이해

04 분모가 달라지는 분수를 소수로 나타내기 85~87쪽

① 0.1, 0.01, 0.001　　　② 0.2, 0.02, 0.002
③ 0.5, 0.05, 0.005　　　④ 0.6, 0.06, 0.006
⑤ 0.25, 0.025, 0.0025　⑥ 0.4, 0.04, 0.004
⑦ 1.1, 0.11, 0.011　　　⑧ 0.08, 0.008, 0.0008
⑨ 1.2, 0.12, 0.012　　　⑩ 1.5, 0.15, 0.015
⑪ 1.8, 0.18, 0.018　　　⑫ 1.75, 0.175, 0.0175
⑬ 5.9, 5.09, 5.009　　　⑭ 1.75, 1.075, 1.0075
⑮ 2.04, 2.004, 2.0004　⑯ 4.5, 4.05, 4.005
⑰ 1.8, 1.08, 1.008　　　⑱ 3.25, 3.025, 3.0025

수의 원리 ● 원리 이해

05 소수를 분수로 나타내기 88쪽

① $\dfrac{1}{10}$　　　　　　② $\dfrac{3}{10}$

③ $\dfrac{1}{100}$　　　　　④ $\dfrac{67}{100}$

⑤ $\dfrac{41}{100}$　　　　　⑥ $\dfrac{173}{1000}$

⑦ $\dfrac{17}{100}$　　　　　⑧ $\dfrac{93}{100}$

⑨ $\dfrac{39}{100}$　　　　　⑩ $\dfrac{111}{1000}$

⑪ $\dfrac{51}{1000}$　　　　⑫ $1\dfrac{47}{100}$

⑬ $2\dfrac{3}{1000}$　　　　⑭ $1\dfrac{9}{100}$

⑮ $4\dfrac{201}{1000}$　　　⑯ $\dfrac{1}{10000}$

수의 원리 ● 원리 이해

06 소수를 기약분수로 나타내기 89~91쪽

① $\dfrac{1}{5}$　　　　② $\dfrac{1}{8}$

③ $\dfrac{1}{4}$　　　　④ $\dfrac{1}{2}$

⑤ $\dfrac{1}{20}$　　　　⑥ $\dfrac{1}{25}$

⑦ $\dfrac{1}{40}$　　　　⑧ $\dfrac{1}{125}$

⑨ $\dfrac{1}{50}$　　　　⑩ $\dfrac{1}{500}$

⑪ $\dfrac{1}{200}$　　　　⑫ $\dfrac{1}{250}$

⑬ $\dfrac{2}{5}$　　　　⑭ $\dfrac{9}{50}$

⑮ $\dfrac{3}{4}$　　　　⑯ $\dfrac{6}{25}$

⑰ $\dfrac{3}{20}$　　　　⑱ $\dfrac{7}{8}$

⑲ $\dfrac{13}{40}$　　　　⑳ $\dfrac{9}{200}$

㉑ $1\dfrac{2}{5}$　　　　㉒ $2\dfrac{1}{2}$

㉓ $3\dfrac{1}{20}$　　　　㉔ $6\dfrac{3}{4}$

㉕ $1\dfrac{1}{250}$　　　　㉖ $3\dfrac{11}{20}$

㉗ $3\dfrac{21}{50}$　　　　㉘ $\dfrac{39}{500}$

㉙ $4\dfrac{19}{20}$　　　　㉚ $3\dfrac{1}{8}$

㉛ $2\dfrac{77}{125}$　　　　㉜ $1\dfrac{33}{250}$

㉝ $6\dfrac{1}{2}$　　　　㉞ $4\dfrac{23}{200}$

㉟ $\dfrac{17}{250}$　　　　㊱ $\dfrac{117}{125}$

㊲ $1\dfrac{22}{25}$　　　　㊳ $\dfrac{83}{500}$

㊴ $\dfrac{19}{40}$　　　　㊵ $1\dfrac{3}{8}$

㊶ $4\dfrac{3}{5}$　　　　㊷ $3\dfrac{9}{25}$

㊸ $2\dfrac{17}{50}$　　　　㊹ $1\dfrac{121}{500}$

㊺ $1\dfrac{73}{250}$　　　　㊻ $\dfrac{16}{125}$

㊼ $3\dfrac{37}{500}$　　　　㊽ $4\dfrac{94}{125}$

수의 원리 ● 방법 이해

07 자릿수가 달라지는 소수를 분수로 나타내기 92~94쪽

① $\dfrac{9}{10}$, $\dfrac{9}{100}$, $\dfrac{9}{1000}$　　② $1\dfrac{3}{10}$, $1\dfrac{3}{100}$, $1\dfrac{3}{1000}$

③ $\dfrac{2}{5}$, $\dfrac{1}{25}$, $\dfrac{1}{250}$　　④ $\dfrac{4}{5}$, $\dfrac{2}{25}$, $\dfrac{1}{125}$

⑤ $2\dfrac{1}{2}$, $2\dfrac{1}{20}$, $2\dfrac{1}{200}$　　⑥ $4\dfrac{3}{5}$, $4\dfrac{3}{50}$, $4\dfrac{3}{500}$

⑦ $\dfrac{7}{10}$, $\dfrac{7}{100}$, $\dfrac{7}{1000}$　　⑧ $2\dfrac{1}{10}$, $2\dfrac{1}{100}$, $2\dfrac{1}{1000}$

⑨ $\dfrac{3}{5}$, $\dfrac{3}{50}$, $\dfrac{3}{500}$　　⑩ $4\dfrac{7}{10}$, $\dfrac{47}{100}$, $\dfrac{47}{1000}$

⑪ $\dfrac{1}{2}$, $\dfrac{11}{20}$, $\dfrac{111}{200}$　　⑫ $7\dfrac{2}{5}$, $7\dfrac{1}{25}$, $7\dfrac{1}{250}$

⑬ $\dfrac{3}{20}$, $\dfrac{3}{200}$, $\dfrac{3}{2000}$　　⑭ $3\dfrac{1}{5}$, $3\dfrac{1}{50}$, $3\dfrac{1}{500}$

⑮ $14\dfrac{3}{10}$, $1\dfrac{43}{100}$, $\dfrac{143}{1000}$　　⑯ $1\dfrac{1}{5}$, $\dfrac{3}{25}$, $\dfrac{3}{250}$

⑰ $2\dfrac{1}{2}$, $1\dfrac{1}{4}$, $\dfrac{1}{40}$　　⑱ $12\dfrac{1}{2}$, $1\dfrac{1}{4}$, $\dfrac{1}{8}$

수의 원리 ● 원리 이해

08 크기 비교하기 95~97쪽

① =	② >
③ <	④ <
⑤ <	⑥ >
⑦ >	⑧ =
⑨ >	⑩ =
⑪ <	⑫ >
⑬ >	⑭ =
⑮ <	⑯ <
⑰ >	⑱ <
⑲ <	⑳ >
㉑ >	㉒ >
㉓ <	㉔ =
㉕ >	㉖ >
㉗ <	㉘ <
㉙ <	㉚ >
㉛ <	㉜ <
㉝ <	㉞ <
㉟ <	㊱ <
㊲ >	㊳ >
㊴ =	㊵ <
㊶ <	㊷ >
㊸ =	㊹ =
㊺ >	㊻ <
㊼ <	㊽ <

수의 원리 ● 원리 이해

09 여러 가지 분수로 나타내기 98~99쪽

① 7, 14, 21	② 72, 36, 18
③ 9, 45, 90	④ 1, 2, 4
⑤ 4, 2, 1	⑥ 11, 55, 275
⑦ 325, 65, 13	⑧ 76, 38, 19
⑨ 2, 4, 8	⑩ 19, 38, 76
⑪ 9, 18, 36	⑫ 4, 2, 1
⑬ 192, 96, 48	⑭ 75, 15, 3
⑮ 228, 114, 57	⑯ 56, 28, 14

수의 감각 ● 수의 조작

6 소수와 자연수의 곱셈

소수의 덧셈과 뺄셈은 소수점의 위치를 기준으로 같은 자리끼리 줄을 맞추어 계산하지만 소수의 곱셈은 오른쪽 끝을 맞추어 쓴 다음 자연수의 곱셈과 같이 계산합니다. 다만 소수와 같은 위치에 소수점을 찍어야 한다는 것을 잊지 않게 지도해 주세요.

01 자연수의 곱셈으로 알아보기 102~104쪽

① 28, 2.8	② 18, 1.8
③ 18, 1.8	④ 49, 4.9
⑤ 40, 4	⑥ 45, 4.5
⑦ 72, 7.2	⑧ 39, 3.9
⑨ 45, 0.45	⑩ 72, 7.2
⑪ 44, 4.4	⑫ 120, 1.2
⑬ 99, 0.99	⑭ 75, 0.75
⑮ 108, 10.8	⑯ 72, 0.72
⑰ 168, 16.8	⑱ 100, 10
⑲ 111, 11.1	⑳ 145, 1.45
㉑ 119, 1.19	㉒ 270, 27
㉓ 72, 7.2	㉔ 136, 13.6
㉕ 110, 1.1	㉖ 278, 2.78
㉗ 336, 3.36	㉘ 848, 84.8
	㉙ 868, 8.68

곱셈의 원리 ● 계산 원리 이해

02 세로셈 105~108쪽

① 3.2	② 6.42	③ 14.4
④ 27.6	⑤ 3.15	⑥ 135
⑦ 45.6	⑧ 106.4	⑨ 5.88
⑩ 202.2	⑪ 76.16	⑫ 94.24
⑬ 1.5	⑭ 13.6	⑮ 5.6
⑯ 1.5	⑰ 19.2	⑱ 12.9
⑲ 295	⑳ 172.2	㉑ 2.88
㉒ 106	㉓ 27.36	㉔ 89.95

㉕ 51　　㉖ 1.38　　㉗ 83.8

㉘ 1.44　　㉙ 33.6　　㉚ 2.34

㉛ 754　　㉜ 15.134　　㉝ 1123.2

㉞ 2.568　　㉟ 72.9　　㊱ 3832.4

㊲ 251.2　　㊳ 374.5　　㊴ 15.7

㊵ 84　　㊶ 3.78　　㊷ 5.32

㊸ 4.347　　㊹ 1073.1　　㊺ 1627.9

㊻ 238.56　　㊼ 2.172　　㊽ 3283

곱셈의 원리 ● 계산 방법과 자릿값의 이해

03 가로셈

109~112쪽

① 0.5×7

```
        0 . 5   ❶오른쪽 끝을 맞추어
                 세로셈을 써요.
 ×        7
    3 . 5        ❷5×7=35
                 ❸0.5와 같은 위치에 소수점을 찍어요.
```

② 0.89×7
```
      0 . 8 9
 ×          7
      6 . 2 3
```

③ 82×0.9
```
          8 2
 ×        0 . 9
          7 3 . 8
```

④ 25.3×36
```
        2 5 . 3
 ×        3 6
      1 5 1 8
        7 5 9
      9 1 0 . 8
```

⑤ 34×0.82
```
          3 4
 ×      0 . 8 2
          6 8
      2 7 2
      2 7 . 8 8
```

⑥ 6.9×26
```
        6 . 9
 ×        2 6
        4 1 4
      1 3 8
      1 7 9 . 4
```

⑦ 300×0.93
```
        3 0 0
 ×      0 . 9 3
        9 0 0
    2 7 0 0
    2 7 9 . 0 0

소수점 아래가 모두 0이면
닫은 자연수가 돼요.
```

⑧ 1.25×42
```
      1 . 2 5
 ×        4 2
        2 5 0
      5 0 0
      5 2 . 5 0
```

⑨ 4.73×91
```
      4 . 7 3
 ×        9 1
        4 7 3
    4 2 5 7
    4 3 0 . 4 3
```

⑩ 4×4.83
```
            4
 ×      4 . 8 3
          1 2
        3 2
      1 6
      1 9 . 3 2
```

⑪ 3×16.7
```
            3
 ×      1 6 . 7
          2 1
        1 8
      3
      5 0 . 1
```

⑫ 58×5.12
```
          5 8
 ×      5 . 1 2
        1 1 6
        5 8
    2 9 0
    2 9 6 . 9 6
```

⑬ 0.8×2
```
        0 . 8
 ×          2
        1 . 6
```

⑭ 0.14×6
```
      0 . 1 4
 ×          6
      0 . 8 4
```

⑮ 35×0.5
```
          3 5
 ×        0 . 5
          1 7 . 5
```

⑯ 2.6×18
```
        2 . 6
 ×        1 8
        2 0 8
        2 6
        4 6 . 8
```

⑰ 19×0.43
```
          1 9
 ×      0 . 4 3
          5 7
        7 6
        8 . 1 7
```

⑱ 40.8×25
```
        4 0 . 8
 ×          2 5
      2 0 4 0
        8 1 6
    1 0 2 0 . 0
```

⑲ 600×0.29
```
        6 0 0
 ×      0 . 2 9
      5 4 0 0
    1 2 0 0
    1 7 4 . 0 0
```

⑳ 1.35×66
```
      1 . 3 5
 ×        6 6
        8 1 0
      8 1 0
      8 9 . 1 0
```

㉑ 3.17×31
```
      3 . 1 7
 ×        3 1
        3 1 7
      9 5 1
      9 8 . 2 7
```

㉒ 6×5.82
```
            6
 ×      5 . 8 2
          1 2
        4 8
      3 0
      3 4 . 9 2
```

㉓ 30×13.4
```
          3 0
 ×      1 3 . 4
        1 2 0
        9 0
      3 0
      4 0 2 . 0
```

㉔ 27×7.26
```
          2 7
 ×      7 . 2 6
        1 6 2
        5 4
      1 8 9
      1 9 6 . 0 2
```

㉕ 22×0.04
```
          2 2
 ×      0 . 0 4
        0 . 8 8
```

㉖ 5.08×5
```
      5 . 0 8
 ×          5
      2 5 . 4 0
```

㉗ 139×0.7
```
        1 3 9
 ×        0 . 7
        9 7 . 3
```

㉘ 16×6.1
```
          1 6
 ×        6 . 1
          1 6
        9 6
        9 7 . 6
```

㉙ 430×2.8
```
        4 3 0
 ×        2 . 8
      3 4 4 0
      8 6 0
    1 2 0 4 . 0
```

㉚ 3.74×19
```
      3 . 7 4
 ×        1 9
      3 3 6 6
      3 7 4
      7 1 . 0 6
```

㉛ 82×0.26
```
          8 2
 ×      0 . 2 6
        4 9 2
      1 6 4
      2 1 . 3 2
```

㉜ 3.06×13
```
      3 . 0 6
 ×        1 3
        9 1 8
      3 0 6
      3 9 . 7 8
```

㉝ 140×0.45
```
        1 4 0
 ×      0 . 4 5
        7 0 0
      5 6 0
      6 3 . 0 0
```

㉞ 4.6×108
```
        4 . 6
 ×      1 0 8
      3 6 8
          0
    4 6
    4 9 6 . 8
```

㉟ 12×37.4
```
          1 2
 ×      3 7 . 4
          4 8
        8 4
      3 6
      4 4 8 . 8
```

㊱ 6.9×253
```
        6 . 9
 ×      2 5 3
      2 0 7
      3 4 5
    1 3 8
    1 7 4 5 . 7
```

㊲ 3.27×8
```
      3 . 2 7
 ×          8
      2 6 . 1 6
```

㊳ 318×0.6
```
        3 1 8
 ×        0 . 6
        1 9 0 . 8
```

㊴ 14×0.05
```
          1 4
 ×      0 . 0 5
        0 . 7 0
```

㊵ 88×6.3
```
          8 8
 ×        6 . 3
        2 6 4
      5 2 8
      5 5 4 . 4
```

㊶ 4.06×32
```
      4 . 0 6
 ×        3 2
        8 1 2
    1 2 1 8
    1 2 9 . 9 2
```

㊷ 250×3.5
```
        2 5 0
 ×        3 . 5
      1 2 5 0
      7 5 0
      8 7 5 . 0
```

㊸ 1.08×37
```
      1 . 0 8
 ×        3 7
        7 5 6
      3 2 4
      3 9 . 9 6
```

㊹ 66×0.54
```
          6 6
 ×      0 . 5 4
        2 6 4
      3 3 0
      3 5 . 6 4
```

㊺ 39×0.59
```
          3 9
 ×      0 . 5 9
        3 5 1
      1 9 5
      2 3 . 0 1
```

46 7.2×166

				7	2
×		1	6	6	
		4	3	2	
	4	3	2		
	7	2			
1	1	9	5	2	

47 27×68.7

				2	7
×		6	8	7	
		1	8	9	
	2	1	6		
1	6	2			
1	8	5	4	9	

48 1.24×206

			1	2	4
×		2	0	6	
		7	4	4	
			0		
2	4	8			
2	5	5	4	4	

곱셈의 원리 ● 계산 방법과 자릿값의 이해

04 자릿수가 바뀌는 소수의 곱셈　113~114쪽

① 2.7, 0.27, 0.027　② 2.4, 0.24, 0.024

③ 8.8, 0.88, 0.088　④ 12.9, 1.29, 0.129

⑤ 14, 1.4, 0.14　⑥ 69, 6.9, 0.69

⑦ 42.8, 4.28, 0.428, 0.0428

⑧ 16.9 1.69, 0.169, 0.0169

⑨ 3.5, 0.35, 0.035　⑩ 3.9, 0.39, 0.039

⑪ 4.8, 0.48, 0.048　⑫ 20.8, 2.08, 0.208

⑬ 78, 7.8, 0.78　⑭ 18, 1.8, 0.18

⑮ 93.6, 9.36, 0.936, 0.0936

⑯ 14.4, 1.44, 0.144, 0.0144

곱셈의 원리 ● 계산 원리 이해

05 커지는 수 곱하기　115쪽

① 54, 540, 5400　② 29, 290, 2900

③ 21.8, 218, 2180　④ 45.7, 457, 4570

⑤ 314, 3140, 31400　⑥ 832, 8320, 83200

⑦ 194.5, 1945, 19450　⑧ 601.3, 6013, 60130

곱셈의 원리 ● 계산 원리 이해

06 작아지는 수 곱하기　116쪽

① 2.1, 0.21, 0.021　② 5.7, 0.57, 0.057

③ 9.6, 0.96, 0.096　④ 4.8, 0.48, 0.048

⑤ 17.5, 1.75, 0.175　⑥ 32.9, 3.29, 0.329

⑦ 657.1, 65.71, 6.571　⑧ 281.4, 28.14, 2.814

곱셈의 원리 ● 계산 원리 이해

07 곱한 수 알아보기　117~118쪽

① 10, 100, 1000　② 0.1, 0.01, 0.001

③ 10, 100, 1000　④ 0.1, 0.01, 0.001

⑤ 10, 100, 1000　⑥ 0.1, 0.01, 0.001

⑦ 10, 100, 1000　⑧ 0.1, 0.01, 0.001

⑨ 10, 100, 1000　⑩ 0.1, 0.01, 0.001

⑪ 10, 100, 1000　⑫ 0.1, 0.01, 0.001

⑬ 0.01, 0.1, 1, 10　⑭ 100, 10, 1, 0.1

⑮ 0.001, 0.01, 1, 100　⑯ 1000, 10, 1, 0.1

곱셈의 원리 ● 계산 원리 이해

08 편리한 방법으로 계산하기　119~121쪽

① $0.7 \times 5 \times 8 = 28$
　40 ← 곱이 몇십이 되는 수를 찾아
　28　먼저 곱하면 계산이 간단해요.

② $4 \times 1.9 \times 5 = 38$

③ $0.3 \times 5 \times 6 = 9$

④ $15 \times 2.8 \times 2 = 84$

⑤ $25 \times 2 \times 0.06 = 3$

⑥ $15.6 \times 5 \times 20 = 1560$

곱이 몇이 되는 수를 먼저 계산하면 편리해요.

⑦ $1.5 \times 4 \times 9 = 54$

⑧ $7 \times 0.02 \times 5 = 0.7$

⑨ $33 \times 0.5 \times 6 = 99$

⑩ $0.25 \times 217 \times 40 = 2170$

⑪ 0.08×11×5=4.4

⑫ 7×4×1.5=42

⑬ 50×2.07×2=207

⑭ 0.09×2×35=6.3

⑮ 4×2.5×7.17=71.7

⑯ 0.25×43×8=86

⑰ 5×13×0.08=5.2

⑱ 30×0.005×6=0.9

⑲ 5.62×4×50=1124

⑳ 4×3.35×25=335

㉑ 0.04×17×5=3.4

㉒ 8×12×0.125=12

㉓ 20×0.05×6=6

㉔ 35×5.6×2=392

㉕ 4.69×250×4=4690

㉖ 213×0.08×5=85.2

㉗ 8.12×50×2=812

㉘ 1.95×4×15=117

㉙ 0.125×80×29=290

㉚ 25×421×0.004=42.1

곱셈의 성질 ● 계산 순서 이해

두 자연수의 곱의 일의 자리 숫자가 0인 경우

곱하는 두 자연수 중 한 수의 일의 자리 숫자가 0이면 곱의 일의 자리 숫자도 0입니다.

곱하는 두 자연수 모두 일의 자리 숫자가 0이 아닐 때 곱의 일의 자리 숫자가 0인 경우를 알아보면 다음과 같습니다. 5단 곱셈구구에서 곱의 일의 자리 숫자는 5, 0이 반복됩니다. 즉 5와 짝수의 곱은 모두 일의 자리 숫자가 0입니다. 따라서 한 수의 일의 자리 숫자가 5, 다른 한 수의 일의 자리 숫자가 짝수인 경우 두 수의 곱은 일의 자리 숫자가 0이 됩니다.

예 15×2=30, 5×16=80, 25×38=950

09 등식 완성하기

① 100

② 0.04

③ 100

④ 0.92

⑤ 1000

⑥ 0.017

⑦ 1000

⑧ 0.532

⑨ 10

⑩ 0.8

⑪ 10

⑫ 2.9

⑬ 100

⑭ 3.18

⑮ 10

⑯ 7.5

⑰ 0.01

⑱ 80

⑲ 0.01

⑳ 170

㉑ 0.001

㉒ 400

㉓ 0.001

㉔ 9630

㉕ 0.1

㉖ 110

㉗ 0.001

㉘ 5000

㉙ 0.01

㉚ 6070

㉛ 0.1

㉜ 90

곱셈의 성질 ● 등식

7 소수의 곱셈

소수끼리의 곱셈에서는 소수점의 위치가 정해져 있지 않으므로 실수하기 쉽습니다. 곱의 소수점 아래 자릿수는 곱하는 두 소수의 소수점 아래 자릿수의 합과 같다는 것에 중점을 두어 지도해 주세요.

01 자연수의 곱셈으로 알아보기   126~129쪽

① 6, 0.06   ② 56, 0.56
③ 16, 0.16   ④ 54, 0.54
⑤ 65, 0.65   ⑥ 120, 1.2
⑦ 192, 1.92   ⑧ 112, 0.112
⑨ 152, 0.152   ⑩ 234, 0.234
⑪ 432, 0.432   ⑫ 1799, 1.799
⑬ 708, 7.08   ⑭ 835, 0.835
⑮ 1995, 1.995   ⑯ 1246, 1.246
⑰ 5255, 0.5255   ⑱ 23544, 2.3544
⑲ 5175, 51.75   ⑳ 10300, 1.03
㉑ 44, 0.44   ㉒ 70, 0.7
㉓ 120, 0.12   ㉔ 333, 3.33
㉕ 105, 0.105   ㉖ 153, 0.153
㉗ 252, 0.252   ㉘ 220, 0.22
㉙ 196, 0.196   ㉚ 60, 0.06
㉛ 1426, 14.26   ㉜ 504, 0.504
㉝ 406, 4.06   ㉞ 1216, 1.216
㉟ 4743, 0.4743   ㊱ 7290, 7.29
㊲ 7453, 7.453   ㊳ 10184, 1.0184
㊴ 22743, 22.743   ㊵ 6510, 6.51

곱셈의 원리 ● 계산 원리 이해

02 세로셈   130~133쪽

① 0.42   ② 0.4   ③ 1.26
④ 23.92   ⑤ 1.92   ⑥ 38.22
⑦ 8.85   ⑧ 140.61   ⑨ 4.368
⑩ 0.784   ⑪ 44.805   ⑫ 17.888
⑬ 0.008   ⑭ 2.544   ⑮ 0.255
⑯ 0.567   ⑰ 3.42   ⑱ 0.236
⑲ 1.9152   ⑳ 11.342   ㉑ 5.5007
㉒ 0.3936
㉓ 0.309   ㉔ 0.4752   ㉕ 0.0042
㉖ 1.3949   ㉗ 5.9562   ㉘ 0.078
㉙ 0.1462   ㉚ 0.0296   ㉛ 0.4064
㉜ 1.696   ㉝ 0.1375   ㉞ 15.1669
㉟ 0.092   ㊱ 0.20052   ㊲ 0.17184
㊳ 0.00105   ㊴ 0.55292   ㊵ 0.07414
㊶ 0.01392   ㊷ 6.5744   ㊸ 35.217
㊹ 0.00938   ㊺ 98.1288   ㊻ 5.21737

곱셈의 원리 ● 계산 방법과 자릿값의 이해

03 소수점의 위치가 다른 곱셈   134~135쪽

① 6.5, 0.65, 0.065, 0.0065
② 50.4, 5.04, 0.504, 0.0504
③ 77.7, 7.77, 0.777, 0.0777
④ 75.6, 7.56, 0.756, 0.0756
⑤ 154.5, 15.45, 1.545, 0.1545
⑥ 187.2, 18.72, 1.872, 0.1872
⑦ 628.5, 62.85, 6.285, 0.6285
⑧ 630.2, 63.02, 6.302, 0.6302

곱셈의 원리 ● 계산 원리 이해

04 다르면서 같은 곱셈   136~137쪽

① 0.318, 0.318   ② 0.259, 0.259

③ 0.318, 0.318   ④ 0.259, 0.259

⑤ 2.736, 2.736   ⑥ 11.18, 11.18

⑦ 2.736, 2.736   ⑧ 11.18, 11.18

⑨ 0.14, 0.14   ⑩ 7.11, 7.11

⑪ 0.14, 0.7   ⑫ 7.11, 0.79

⑬ 1.428, 1.428   ⑭ 3.045, 3.045

⑮ 1.428, 1.428   ⑯ 3.045, 3.045

⑰ 0.77, 0.77   ⑱ 1.296, 1.296

⑲ 0.77, 0.77   ⑳ 1.296, 1.296

㉑ 6.048, 6.048   ㉒ 15.982, 15.982

㉓ 6.048, 336   ㉔ 15.982, 61

곱셈의 원리 ● 계산 원리 이해

05 커지는 수 곱하기   138쪽

① 0.0012, 0.012, 0.12   ② 0.0007, 0.007, 0.07

③ 0.0054, 0.054, 0.54   ④ 0.0086, 0.086, 0.86

⑤ 0.0101, 0.101, 1.01   ⑥ 0.0375, 0.375, 3.75

⑦ 0.1492, 1.492, 14.92

⑧ 0.00608, 0.0608, 0.608

곱셈의 원리 ● 계산 원리 이해

06 작아지는 수 곱하기   139쪽

① 0.17, 0.017, 0.0017   ② 0.15, 0.015, 0.0015

③ 0.63, 0.063, 0.0063   ④ 0.25, 0.025, 0.0025

⑤ 4.36, 0.436, 0.0436   ⑥ 5.82, 0.582, 0.0582

⑦ 0.291, 0.0291, 0.00291

⑧ 0.512, 0.0512, 0.00512

곱셈의 원리 ● 계산 원리 이해

07 곱의 소수점의 위치   140~142쪽

① 0.06, 0.006, 0.0006   ② 0.3, 0.03, 0.003

③ 0.63, 0.063, 0.0063   ④ 0.64, 0.064, 0.0064

⑤ 0.28, 0.028, 0.0028   ⑥ 0.54, 0.054, 0.0054

⑦ 0.69, 0.069, 0.0069   ⑧ 0.6, 0.06, 0.006

⑨ 1.14, 0.114, 0.0114   ⑩ 2.72, 0.272, 0.0272

⑪ 2.6, 0.26, 0.026   ⑫ 9.24, 0.924, 0.0924

⑬ 0.38, 0.038, 0.0038   ⑭ 3.05, 0.305, 0.0305

⑮ 1.26, 0.126, 0.0126   ⑯ 2, 0.2, 0.02

⑰ 2.07, 0.207, 0.0207   ⑱ 19.84, 1.984, 0.1984

⑲ 1.76, 0.176, 0.0176   ⑳ 6.37, 0.637, 0.0637

㉑ 9.52, 0.952, 0.0952   ㉒ 5.4, 0.54, 0.054

㉓ 16.96, 1.696, 0.1696   ㉔ 29.43, 2.943, 0.2943

곱셈의 원리 ● 계산 원리 이해

08 곱해서 더해 보기   143~144쪽

① 0.3, 0.15, 0.45   ② 0.3, 0.54, 0.84

③ 0.5, 0.2, 0.7   ④ 0.4, 0.64, 1.04

⑤ 0.4, 0.06, 0.46   ⑥ 0.28, 0.24, 0.52

⑦ 2.1, 0.42, 2.52   ⑧ 0.81, 0.81, 1.62

⑨ 1.8, 1.26, 3.06   ⑩ 3.2, 1.92, 5.12

⑪ 2.4, 0.6, 3   ⑫ 15.9, 0.053, 15.953

⑬ 27.6, 2.07, 29.67   ⑭ 3.45, 0.23, 3.68

⑮ 81, 1.62, 82.62   ⑯ 8.04, 0.804, 8.844

곱셈의 성질 ● 분배법칙

09 편리한 방법으로 계산하기　　145~147쪽

① $0.28 \times 0.2 \times 0.5 = 0.028$

0.056×0.5보다 0.28×0.1의 계산이
더 간단해요.

② $0.5 \times 3.6 \times 0.4 = 0.72$

③ $2.5 \times 1.8 \times 0.4 = 1.8$

④ $4.54 \times 2.5 \times 0.04 = 0.454$

⑤ $0.6 \times 0.5 \times 10.3 = 3.09$

⑥ $0.2 \times 1.5 \times 9.2 = 2.76$

⑦ $0.25 \times 0.39 \times 0.4 = 0.039$

⑧ $17.83 \times 0.5 \times 0.2 = 1.783$

⑨ $0.15 \times 0.6 \times 4.2 = 0.378$

⑩ $0.05 \times 3.14 \times 0.2 = 0.0314$

⑪ $0.5 \times 1.7 \times 0.2 = 0.17$

⑫ $0.13 \times 0.4 \times 1.5 = 0.078$

⑬ $1.2 \times 0.5 \times 10.9 = 6.54$

⑭ $0.05 \times 3.6 \times 0.2 = 0.036$

⑮ $0.4 \times 1.25 \times 0.41 = 0.205$

⑯ $5.8 \times 0.5 \times 0.6 = 1.74$

⑰ $0.25 \times 3.3 \times 0.8 = 0.66$

⑱ $2.5 \times 0.02 \times 1.84 = 0.092$

⑲ $7.4 \times 0.4 \times 0.25 = 0.74$

⑳ $0.45 \times 2.52 \times 0.2 = 0.2268$

㉑ $0.4 \times 1.25 \times 0.3 = 0.15$

㉒ $0.25 \times 1.2 \times 0.4 = 0.12$

㉓ $0.8 \times 0.2 \times 1.5 = 0.24$

㉔ $0.6 \times 0.05 \times 11.1 = 0.333$

㉕ $2.5 \times 0.55 \times 0.04 = 0.055$

㉖ $0.11 \times 0.35 \times 0.2 = 0.0077$

㉗ $0.125 \times 3.12 \times 0.8 = 0.312$

㉘ $4.5 \times 0.02 \times 0.5 = 0.045$

㉙ $1.7 \times 0.08 \times 2.5 = 0.34$

㉚ $1.25 \times 0.4 \times 9.3 = 4.65$

곱셈의 성질 ● 계산 순서 이해

10 계산하지 않고 크기 비교하기　　148쪽

① >, <　　② >, <

③ <, >　　④ <, <

⑤ >, <　　⑥ <, >

⑦ >, <　　⑧ <, >

⑨ <, <　　⑩ >, >

곱셈의 원리 ● 계산 원리 이해

11 연산 기호 넣기　　149쪽

① +, −, ×　　② +, ×, −

③ ×, +, −　　④ ×, −, +

⑤ +, −, ×　　⑥ −, ×, +

⑦ +, ×, −　　⑧ −, +, ×

곱셈의 감각 ● 수의 조작

수 감각

수 감각은 수와 연산에 대한 직관적인 느낌을 말하는데 다양한 방법으로 수학 문제를 해결할 수 있도록 도와줍니다. 따라서 초중고 전체의 수학 학습에 큰 영향을 주지만 그 감각을 기를 수 있는 충분한 훈련은 초등 단계에서 이루어져야 합니다. 하나의 연산을 다양한 각도에서 바라보고, 수 조작력을 발휘하여 수 감각을 기를 수 있도록 지도해 주세요.

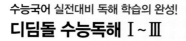

수능국어 실전대비 독해 학습의 완성!

디딤돌 수능독해 I ~ III

· 글쓴이의 작문 과정을 추론하며 생각을 읽어내는 구조 학습
· 출제자의 의도를 파악하고 예측하는 기출 속 이슈 및 특별 부록

고등 입학 전 완성하는 독해 과정 전반의 심화 학습!

디딤돌 생각독해 I ~ V

· 생각의 확장과 통합을 위한 '빅 아이디어(대주제)' 선정 및 수록
· 대주제 별 다양한 영역의 생각 읽기 및 생각의 구조화 학습

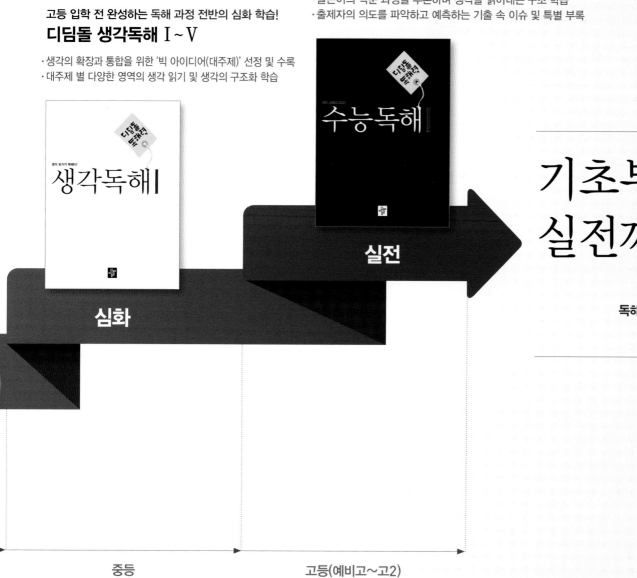

기초부터
실전까지

독해는 디딤돌

심화

실전

중등

고등(예비고~고2)

한걸음 한걸음 디딤돌을 걷다 보면
수학이 완성됩니다.

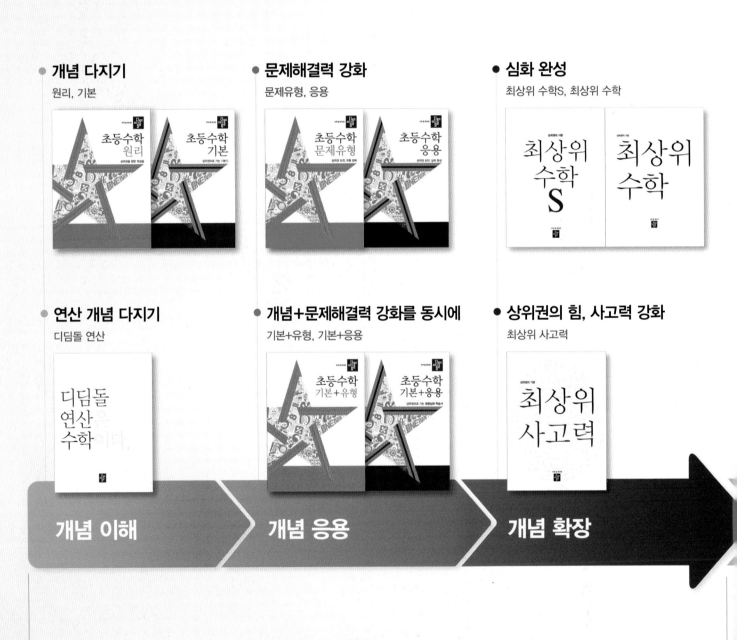

● 개념 다지기
원리, 기본

초등수학 원리

초등수학 기본

● 문제해결력 강화
문제유형, 응용

초등수학 문제유형

초등수학 응용

● 심화 완성
최상위 수학S, 최상위 수학

최상위 수학 S

최상위 수학

● 연산 개념 다지기
디딤돌 연산

디딤돌 연산 수학

● 개념+문제해결력 강화를 동시에
기본+유형, 기본+응용

초등수학 기본+유형

초등수학 기본+응용

● 상위권의 힘, 사고력 강화
최상위 사고력

최상위 사고력

개념 이해

개념 응용

개념 확장

학습 능력과 목표에 따라
맞춤형이 가능한 디딤돌 초등 수학